HISTOIRE NATURELLE,

PAR

PAULIN TEULIÈRES

Auteur de plusieurs ouvrages qui ont obtenu le suffrage de l'Université.

Bureau provisoire :

PARIS,

47, RUE DE LUXEMBOURG, QUARTIER DE LA MADELEINE.

1850.

TYPOGRAPHIE DE VEUVE LAMAIGNÈRE NÉE TEULIÈRES, A BAYONNE,
RUE BOURG-NEUF, 1.

INTRODUCTION.

Une science magnifique et solennelle, qui met la pensée humaine dans les secrets du Créateur, doit être pour l'homme sérieux d'un attrait d'autant plus élevé, que c'est une science aussi par laquelle le philosophe doit passer, s'il veut se comprendre lui-même. Lorsque son intelligence, fatiguée de recherches abstraites et presque découragée, demande à se reposer enfin sur des vérités moins rebelles, sur des convictions plus positives, où pourrait-il trouver un plus digne délassement que dans cette aimable étude qui raconte avec tant de splendeur la sagesse de Dieu, sa puissance et sa gloire? Un esprit vulgaire bornera peut-être ses connaissances à ne pas confondre l'air avec le ciel, à ne pas prendre l'eau pour un élément, le corail pour une plante, la baleine pour un poisson, à laisser enfin à la fantasmagorie mythologique l'incombustibilité de la salamandre, les vagissements du crocodile, la griffe du dragon. Mais le philosophe, du point qu'il occupe dans cet univers, ne doit-il pas en étudier l'ensemble et savoir jouir ainsi d'un spectacle si plein de majesté, où l'harmonie se montre jusque dans les contrastes, où chaque idée fait naître un sentiment, où le cœur est satisfait, où la pensée est ennoblie?

Que de merveilles, en effet, à contempler! Ici, des vallées si profondes que le soleil peut à peine y descendre; là des forêts si élevées que les nuages s'arrêtent aux branches et tombent goutte à goutte de leur feuillage. Sous l'équateur, des îles de verdure avec leurs bouquets de fruits, au milieu de vastes solitudes où l'air ne trouve pas une feuille à remuer; et, vers le pôle, des îles de glace voguant avec des colonies d'ours blancs qui, jusque dans nos zones tempérées, nous apportent leur précieuse fourrure; là, de l'eau douce qui jaillit du sein de la mer, ou bien une colonne d'eau bouillante qui s'élance du milieu d'un glacier; plus loin, un lac transparent qui dort sous des lilas, ou bien une rivière rapide qui bondit sur le roc et se précipite, formant une nappe écumeuse à travers laquelle le soleil vient jeter mille reflets.

Sur la colline, le daim au pied léger, à l'œil alerte, flairant la brise qui le prévient du danger; sur le sable, le rusé formica-leo se tenant en embuscade dans son entonnoir géométrique; dans l'air, le brillant colibri, gracieux jusque dans sa colère, soit que, confus de trouver étiolée une fleur qu'il croyait encore fraîche, il en arrache, de dépit, tous les pétales, soit qu'irrité d'une offense, il s'attache hardiment à son ennemi et ne le quitte qu'après avoir épuisé sa petite vengeance.

Le firmament, sans doute, a un aspect plus imposant, et notre planète alors n'est plus qu'un point obscur auprès de ces globes lumineux sans nombre et sans mesure, disséminés dans l'espace comme la poussière dans nos champs; mais peut-être que cette poussière dédaignée renferme plus de prodiges. Voyez, vous vous croyez ici aux limites de la Création, et vous êtes sur le seuil d'un monde nouveau, de ce monde microscopique qui échappe à notre vue et n'appartient, pour ainsi dire, qu'à nos regrets! Chacun de ces atomes imperceptibles est cependant un être organisé et même parfait, car on ne pourrait lui enlever aucune partie qui ne lui soit nécessaire, ni en ajouter aucune qui ne lui fût inutile. Quels sont les ressorts qui mettent en mouvement leurs organes si menus, qui poussent et dirigent leurs pattes, qui étendent et agitent leurs ailes? Bien plus, ces petits êtres sont armés de tenailles, de forets, de haches, de limes, de scies, pour fendre le bois, pour ronger la pierre, pour user le granit; et tandis que l'imagination se perd à concevoir comment, dans un point invisible, il a pu se trouver assez de place pour une organisation si complexe, l'atome change de forme, change d'organes, change de vie, pour nous prouver que Dieu est à l'aise dans l'infiniment petit comme dans l'infiniment grand: l'infiniment petit devenant à son gré un espace sans limites, et l'infiniment grand n'étant plus qu'un point mathématique.

Et si vous pénétrez plus avant, si vous voulez connaître les lois qui président à tant de faits dont vous êtes éblouis, d'autres merveilles vous attendent encore.

S'agit-il d'un phénomène de composition? suivez cette molécule brute qui s'élabore peu à peu, qui passe ensuite dans un végétal où elle se modifie encore pour s'animaliser enfin, mais qui bientôt est rendue, par la mort, au monde minéral, où l'organisation la reprend de nouveau, car rien ne se perd, rien ne s'arrête, tout passe et revient, par de nouvelles métamorphoses, remplissant une infinité de buts intermédiaires, pour arriver au but définitif, c'est-à-dire à l'immobilité permanente des espèces au milieu des modifications continuelles des individus.

S'agit-il d'un phénomène de décomposition ? faut-il, par exemple, qu'un tronc d'arbre abattu et sans vie n'attriste plus les regards et cesse d'être inutile ? Voyez d'abord les mousses y enfoncer leurs racines et retenir ainsi l'humidité qui le déchire, puis les champignons qui le dilatent, puis les larves qui le broient, puis le pic qui, venant y chercher les insectes, le pulvérise, puis enfin le vent qui le disperse; mais le pic meurt à son tour, des nuées d'autres insectes s'abattent bien vite sur ses dépouilles, pour être dévorés eux-mêmes par d'autres animaux ; ou bien de cette pourriture s'élève, toute fraîche et toute parfumée, cette fleur élégante où l'abeille recueille et la cire qui nous éclaire, et le miel qui nous nourrit.

S'agit-il d'une loi d'ordre et de conservation ? Pour que le nombre des êtres organisés que notre globe peut nourrir ne soit pas dépassé, la vie reçoit des bornes, ainsi que la fécondité; mais toujours la famille est d'autant plus nombreuse qu'elle est plus faible ou soumise à plus de dangers. Et pour que chaque espèce puisse mieux parcourir la période de son développement, tout est disposé avec une prévoyance admirable : la noix, encore informe, est défendue des insectes par son brou amer, tandis que, momie lustrée, la chenille, en attendant ses ailes, se couvre de bandelettes soyeuses; mais, plus habile, la mite s'empare de nos draps, se fabrique une étoffe souple et solide, et donne à son vêtement la forme la plus simple, la plus sûre, la plus commode. Ne cherchez pas à tromper ses combinaisons, car elle trouverait des artifices dont vous seriez encore plus surpris.

Pour que tous les climats aient leurs plantes et leurs habitants, les conditions d'existence sont distribuées à l'infini : la libellule délicate et le roseau flexible veulent les lieux abrités, tandis que l'aigle aux pennes robustes, et le chêne aux puissantes racines aiment le séjour du vent; le sainfoin du Gange, pour se rafraîchir, agite ses folioles comme un double éventail, tandis que l'eider de la Norwège bat l'eau de ses ailes pour l'empêcher de se geler; enfin le chameau, dans le désert, peut vivre sans boire, comme la thalassite, sous l'eau, sans respirer.

Le vent du Nord annonce-t-il la venue de l'hiver ? Les plantes se dépouillent de leurs feuilles qui donneraient trop de prise à l'ouragan et laissent tomber leur graine qui se recèle dans le sol où la neige bientôt viendra la protéger ; la chauve-souris, cachée dans sa retraite, s'endort pour n'avoir pas le souci de chercher une proie qui, elle-même, s'est retirée; le castor se renferme dans ses magasins approvisionnés ; la marmotte et le loir, la vipère et la grenouille rentrent dans le fond de leur terrier ou dans la vase de leurs marais, vivant de leur graisse mise en réserve à l'arrière-saison; la cigogne et la grue émigrent en nombreuses caravanes, et gagnent sans boussole les pays lointains; les animaux se taisent, le ruisseau n'a plus de murmure : tout parait mort, car le silence règne aussi dans l'étendue de l'atmosphère et dans les abîmes de l'Océan. Eh! cependant, il y a encore une beauté grave et austère dans cette vie dissimulée où l'organisation ménage ses forces et les concentre, pour les employer bientôt avec une activité toute nouvelle. Or, voici le moment, car l'hirondelle est arrivée.

Oh! que de richesses pour nous, au printemps, étalées, lorsque la terre s'éveille sous le rayon solaire, que la végétation commence sa parure et que les animaux eux-mêmes prennent leurs habits de noces; quelle variété de franges et de parfums à toutes ces fleurs, de voix et de vêtements à tous ces mammifères; que de couleurs différentes pour chaque plante et de nuances diverses pour chaque couleur! quel luxe de panaches et de diadèmes à tous ces oiseaux, de cuirasses à tous ces reptiles, d'écailles d'argent à tous ces poissons, de reflets métalliques à tous ces insectes! quelle profusion de topazes et de perles sur la tête d'une seule mouche! enfin, depuis le fond des eaux jusqu'au plus haut des airs, quelle pompe partout, et partout quelle parfaite harmonie!

HISTOIRE NATURELLE.

L'Histoire naturelle est la description raisonnée des êtres organisés.

Les êtres organisés sont doués d'organes, c'est-à-dire d'instruments, pour se mettre en rapport avec le monde extérieur. Les uns sont organisés d'une manière supérieure et s'appellent *animaux;* les autres sont organisés d'une manière inférieure et s'appellent *plantes* ou *végétaux.*

Ainsi, l'Histoire naturelle se divise en deux branches distinctes : la *zoologie,* ou description raisonnée des animaux; la *phytologie,* ou description raisonnée des végétaux.

L'animal est organisé d'une manière supérieure, parce qu'il possède deux facultés dont les plantes sont privées. Ces deux facultés sont : la *sensibilité,* par laquelle l'animal éprouve des sensations, et la *motilité,* par laquelle il exécute des mouvements.

Les organes de la sensibilité sont appelés organes des sens; les organes de la motilité sont appelés organes du mouvement.

La sensibilité et la motilité se développent parallèlement, c'est-à-dire que l'animal le plus sensible est aussi le plus motile.

Les nerfs, substance plus ou moins molle, sont à la fois les organes essentiels des deux facultés qui caractérisent l'animal : l'ensemble des nerfs se nomme système nerveux; l'initiative leur appartient dans la sensation comme dans le mouvement. Le centre du système nerveux est le cerveau; en effet, c'est du cerveau que se ramifient plus ou moins directement tous les nerfs; mais les uns sont au service de la sensibilité, et les autres au service de la motilité : les nerfs de la sensibilité vont s'épanouir à la surface du corps, pour y recevoir les impressions qu'ils transmettent ensuite au cerveau; les nerfs de la motilité vont se distribuer dans les muscles différents, pour y porter les ordres de la volonté.

Certes, nous ne comprendrons jamais comment l'âme et le corps peuvent établir l'intimité de leurs rapports; notre intelligence doit s'incliner devant ce mystère, qui lui annonce que, même dans l'ordre physique, sa puissance n'est pas illimitée. Mais tout nous révèle que le système nerveux est l'intermédiaire le plus direct entre l'âme et le corps; car c'est par le système nerveux que l'âme éprouve les sensations et qu'elle gouverne les mouvements. Le système nerveux le plus élevé est celui qui est à la fois le plus spécialisé, le plus complet et le mieux protégé.

Quand chaque organe possède un nerf qui lui est

propre, et que cet organe a lui-même une fonction exclusive, le système nerveux est supérieurement spécialisé. Ainsi l'oreille, chargée seulement de l'audition, présente un nerf qui lui est propre, c'est le *nerf acoustique;* et ce nerf ne peut apprécier que les sons; il est insensible à l'impression des formes et des couleurs. A son tour l'œil, qui n'est chargé que de la vision, présente un nerf qui lui est spécial, et ce nerf, appelé *nerf optique*, qui peut apprécier les couleurs et les formes, est insensible aux vibrations de l'air.

Le système nerveux est complet, lorsque l'animal a tous les organes qui peuvent multiplier le plus ses relations avec le monde extérieur; et quand le système nerveux est le plus spécialisé et le plus complet, il est aussi le mieux protégé, car la raison nous dit, et l'harmonie exige, que la partie la plus délicate et la plus essentielle de l'organisation soit aussi la mieux abritée.

Or, c'est dans l'enveloppe même de l'animal que nous lirons à quel degré son système nerveux se trouve protégé, et nous pourrons en conclure nettement à quel degré l'animal possède la sensibilité et la motilité, c'est-à-dire l'animalité.

Le muscle est un tissu fibreux éminemment contractile. Quand les muscles sont excités par les nerfs, ils se contractent, et par conséquent ils rapprochent les uns des autres les os sur lesquels ils sont insérés.

Les os sont un tissu spongieux incrusté de matière calcaire qui leur donne une résistance proportionnée à l'office qu'ils doivent remplir. Les os sont articulés et mobiles, les uns sur les autres; par l'action des muscles, ils se déplacent, et c'est ainsi que s'exécute l'étonnante variété des mouvements partiels, et même ce déplacement général de tout le corps, qu'on appelle *locomotion*. Les os remplissent à la fois deux fonctions : ils protégent efficacement le système nerveux et donnent au mouvement plus de puissance, de vitesse et de précision.

L'HOMME.

L'homme a le système nerveux le plus spécialisé, le plus complet; son corps est la forme la plus parfaite que la matière ait pu recevoir. L'homme a les organes des sens les mieux assortis, et les mouvements les plus gracieux et les plus expressifs. Sa station est noble et sa démarche majestueuse. Il peut seul atteindre toutes les propriétés des corps et les apprécier; il peut seul analyser, déduire, prévoir, conclure, généraliser, réfléchir, comprendre, admirer; seul, il interroge le passé, calcule le présent et dispose l'avenir; seul, il a le sourire dans son affection, le rire dans sa joie, les larmes dans sa douleur; enfin, il a seul le privilége de parler à Dieu et de sentir qu'il en est écouté.

L'homme est en dehors et au-dessus du règne animal :

1° Par sa raison, qui lui signale et le bien et le mal;

2° Par son libre arbitre, qui lui permet de choisir l'un ou l'autre;

3° Par sa conscience, qui tour à tour, juge secret de ses actes, le récompense par le bonheur, le punit par le remords ou l'apaise par le repentir;

4° Par sa future destinée, qui n'est pour ainsi dire que la sanction suprême du jugement rendu déjà par la conscience elle-même.

Dieu a donc mis entre l'homme et les animaux une distance infranchissable.

Pour que ce fait zoologique soit plus manifeste, pour que cette vérité fondamentale ait plus d'éclat, l'étude de l'homme trouvera plus dignement sa place dans notre livre des *Harmonies de la Nature*. Nous n'ajouterons ici qu'un seul mot.

C'est par la certitude inexorable de sa fin que l'homme touche de plus près aux animaux. Mais remarquez encore comme ce phénomène inévitable se trouve ménagé pour lui providentiellement. L'enfance, qui se prépare à la vie, essaie de toutes les sensations, tout l'impressionne; mais ses sensations nombreuses sont rapides, mobiles, irréfléchies. L'âge mûr a des impressions mieux senties; il a, pour ainsi dire, fait son choix afin de mieux jouir. Ainsi le musicien se recueille dans l'harmonie des sons; le statuaire, dans la vérité des formes; le peintre, dans le sentiment des couleurs; l'architecte, dans la symétrie des surfaces et des lignes; le mécanicien, dans la puissance et la précision du mouvement; le physicien, dans les propriétés de la matière ; le chimiste, dans les affinités des corps ; l'astronome, dans les splendeurs du firmament ; le naturaliste, dans les merveilles de la terre. La vieillesse a des sensations plus restreintes et moins nettes ; mais, sous son corps qui se défait et qui tombe, le vieillard, à mesure que ses organes se ferment aux impressions de la terre qui le quitte, ouvre son cœur aux espérances plus réelles du monde invisible dont le temps le rapproche de plus en plus. Dès lors, tout le relève et le console ; son âme qui tant de fois s'est dégagée de cette mort apparente que nous appelons le sommeil, commence à pressentir un réveil magnifique et définitif : la RÉSURRECTION. Comme aussi, dans ce retour permanent de la lumière après les ténèbres, il voit l'évident symbole de ce jour solennel qui, après la mort, ne doit plus finir : l'ÉTERNITÉ.

Supposez même qu'on arrivât à rencontrer quelques ressemblances organiques plus prochaines entre l'homme et les premiers des singes, ce serait un argument de plus pour prouver la haute prééminence de l'homme, puisque avec des organes presque similaires, il accomplit des actes que le singe ne peut imiter. Citons seulement cet usage merveilleux de la langue qui constitue la *parole*, et cette fonction poétisée du larynx qu'on appelle le *chant*.

Enfin, pour que la démarcation entre l'homme et le singe fût plus marquée, Dieu a refusé au singe l'instinct de l'industrie, tandis qu'il a déféré à l'homme ce génie qui semble continuer l'œuvre sublime de la Création, en imposant aux agents de la nature des services nouveaux, et à la matière des formes inattendues.

SÉRIE ZOOLOGIQUE.

La série zoologique est une sorte de chaîne graduée entre l'Homme et la Plante. Par conséquent, nous constaterons que le système nerveux se dégrade successivement depuis le singe, qui est l'animal le moins éloigné de l'homme, jusqu'à l'éponge qui est si voisine de la plante; et comme cette dégradation régulière doit se traduire à l'extérieur, à mesure que les formes humaines s'effaceront dans la série, nous verrons apparaître de plus en plus les formes végétales.

L'homme sera donc notre véritable *zoomètre*, c'est-à-dire la mesure précise de l'animalité, le terme de comparaison qui nous servira de point d'appui pour déterminer rigoureusement la place de chaque animal dans la série.

Si, par exemple, après avoir constaté que le premier des animaux a cinq sens : l'ouïe, la vue, l'odorat, le goût et le toucher, nous voulons reconnaître qu'ils doivent être appelés rationnellement dans cet ordre, il nous suffira de considérer comment Dieu lui-même les a, pour ainsi dire, étagés dans l'homme.

L'oreille est l'organe supérieur; sa situation est exceptionnelle : elle est placée des deux côtés de la tête pour dominer tout l'horizon, tandis que, par lui-même, l'œil n'en peut apercevoir qu'une partie; elle nous donne les impressions les plus nombreuses et les plus délicates, tandis que nous arrivons graduellement au toucher qui ne nous donne que les sensations les plus circonscrites et les moins variées : le toucher s'exerce sur les solides, le goût sur les liquides, l'odorat sur les gaz, la vue sur la lumière, substance très-subtile; mais l'ouïe doit mesurer ce qui est le moins saisissable, le temps; car, apprécier un son, c'est compter le nombre de vibrations qui s'opèrent dans un temps donné.

—

Dans notre livre des *Harmonies de la Nature*, cette question sera traitée d'une manière plus ample et plus péremptoire. Ici, nous dirons seulement que l'homme lui-même est frappé d'un mutisme irréparable, lorsqu'il a le malheur de naitre privé de l'ouïe; et nous ajouterons cette autre considération: c'est que, jusque dans nos faiblesses, l'oreille conserve encore sa supériorité. Ainsi, sous l'aiguillon de la colère, l'âme est trahie par les mouvements de la main, de la langue et même des narines; elle est trahie surtout par nos regards; mais l'oreille, l'oreille seule reste immobile et réservée. Comme aussi, pour établir l'extrême infériorité du toucher, nous dirons que la colère devient brutale dès qu'elle se traduit par la force, c'est-à-dire par la violence de la main.

—

Mais, pour rester dans la question purement zoologique, nous devons faire remarquer que l'ouïe disparaît la première dans la série, puis la vue, et successivement l'odorat et le goût, tandis que le toucher persiste jusqu'au dernier des animaux. Et, en effet, un animal cesserait de l'être, s'il était dépourvu de ce sens.

Classification générale.

Classer un animal, c'est déterminer avec précision le rang qu'il doit avoir dans la série. La classification n'est que le tableau synoptique de la distribution raisonnée des animaux.

Remarquons d'abord qu'il fallait, pour toute la série, l'unité de plan; car l'unité, c'est la perfection. Mais il fallait en exclure à la fois les apparences indigentes de l'uniformité, et les difficultés excessives de la diversité. Sans cesser d'être infini, Dieu a bien voulu ne concilier toutes ces conditions qu'en se conformant aux limites de notre intelligence et à l'heure de notre vie. Bien plus, Dieu s'est posé quatre fois le *problème* (1) et l'a résolu, quatre fois, d'une manière différente.

Ainsi, Dieu a établi quatre types divers, mais enchaînés dans le même plan. Puis, dans chacun de ces groupes, il a introduit des variétés nombreuses, mais étroitement liées à leur type respectif, dont elles portent toutes le caractère fondamental.

(1) Nous déplorons que la langue humaine ne puisse nous fournir une expression moins indigne.

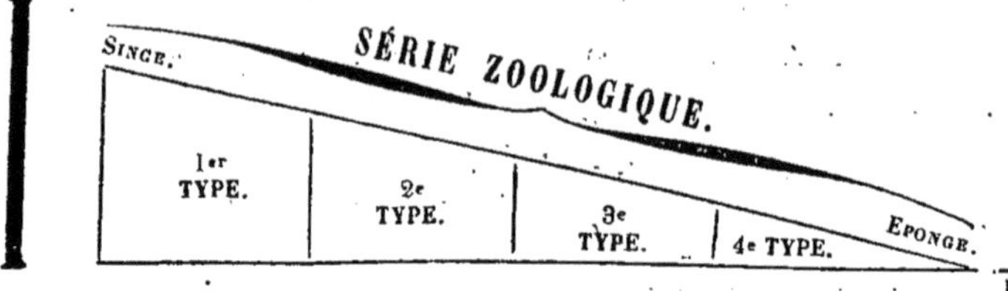

Les quatre types sont : 1° celui des Vertébrés ; 2° celui des Articulés ; 3° celui des Mollusques ; 4° celui des Rayonnés.

Notre analyse va les parcourir successivement.

Ier TYPE. — LES VERTÉBRÉS.

Le type des Vertébrés se divise en cinq classes :

Ire CLASSE. PILIFÈRES. Mammifères de Cuvier.	IIe CLASSE. PENNIFÈRES. Oiseaux de Cuvier.	IIIe CLASSE. SCUTIFÈRES. Reptiles de Cuvier.	IVe CLASSE. NUDIPELLIFÈRES. Batraciens de Cuvier.	Ve CLASSE. SQUAMMIFÈRES. Poissons de Cuvier.

C'est sur l'enveloppe extérieure que nous devons chercher le caractère distinctif de chacune de ces classes.

Les Pilifères ont la peau velue.

Les Pennifères ont la peau revêtue de plumes.

Les Scutifères ont la peau couverte d'écailles.

Les Nudipellifères ont la peau nue.

Les Squammifères ont la peau incrustée de squammes.

A ce caractère extérieur se rattache une organisation, qui est supérieure dans la première classe et qui se dégrade successivement dans les quatre dernières.

Ire CLASSE. — LES PILIFÈRES OU MAMMIFÈRES.

Les Pilifères peuvent aussi être appelés Mammifères, ou Lactifères, car l'allaitement est un caractère propre à tous les animaux velus; mais nous préférons le mot Pilifère, parce qu'il exprime un caractère plus extérieur et plus facile à constater.

Les Pilifères ont seuls la faculté d'allaiter leurs petits. Leur cerveau est toujours très-développé; ils ont tous la respiration aérienne, tous sont doués de quatre membres. La baleine elle-même ne fait pas exception, car elle les présente à l'état rudimentaire.

Les Pilifères ont en général les mâchoires munies de dents. La baleine qui, sous ce rapport, est encore le dernier de cette classe, a dans son premier âge de véritables dents.

Tous les Pilifères ne sont pas supérieurs au même degré, c'est pour ce motif que cette première classe se subdivise en plusieurs Ordres.

ORDRE DES PRIMATES.

Le premier Ordre est caractérisé par la présence d'une main. La main est un organe essentiellement préhenseur. Cet organe est un ensemble composé de cinq doigts flexibles, dont l'un, appelé pouce, est opposable à tous les autres. Le bras est, pour ainsi dire, le manche de la main.

Les animaux de ce premier Ordre sont appelés Primates. Ce nom, créé par Linné, est préférable à celui de Quadrumanes, car nous ne devons pas oublier que c'est l'opposabilité du pouce qui constitue la main. Or, plusieurs de ces animaux n'ont pas le pouce opposable dans les quatre membres; il en est même qui sont privés de pouce. Mais tout Primate a le pouce opposable, au moins dans ses membres inférieurs.

FAMILLE DES SIMIDÉS OU SINGES.

C'est au singe que commence l'animalité. Il en est l'expression la plus élevée, la plus complète; il a même quelques organes qui semblent répéter ceux de l'homme; mais ces organes sont toujours suffisamment dégradés pour n'être propres qu'à leur destination purement terrestre.

Les deux caractères indicateurs du Simidé sont: 1° de présenter un système dentaire qui répète celui de l'homme; 2° d'avoir les ongles similaires. Ces deux caractères le distinguent nettement des autres Primates.

Toutefois, si la mâchoire du singe a le même nombre de dents que la mâchoire humaine, elle s'en écarte par deux points essentiels; car les dents du singe sont d'inégale longueur et ne sont pas disposées d'une manière continue; tandis que, dans la mâchoire normale de l'homme, les dents sont d'égale longueur et ne laissent entr'elles aucun intervalle. Les dents incisives, destinées plutôt à l'ornement de la bouche qu'à la mastication, sont verticales dans l'homme; elles sont proclives dans le singe, et se rencontrent sous un certain angle, de telle sorte qu'elles poussent en avant les lèvres déjà si grandes.

La main du singe, quand on la compare à celle de l'homme, présente surtout les infériorités suivantes : l'opposabilité du pouce n'y est jamais aussi complète, et ce qui est plus remarquable, car c'est l'inverse de ce qui est dans l'homme, le pied est plus parfait que la main, c'est-à-dire le pouce est plus opposable dans la main qui termine la jambe, que dans celle qui termine le bras.

La station de l'homme est verticale (1), celle du singe est oblique, et celle de tous les Pilifères inférieurs devient horizontale.

Ainsi, après la station souveraine qui caractérise l'humanité, celle du singe est la plus avantageuse que puisse avoir un animal; car elle laisse aux membres supérieurs la liberté de remplir divers offices.

Le singe a la tête arrondie; mais à mesure qu'il vieillit, sa face, qui était d'abord courte, s'allonge

(1) Dans notre livre des *Harmonies*, nous développerons les conséquences de supériorité qui résultent éminemment de cette station verticale. Comme aussi, nous ferons ressortir les priviléges inscrits dans tous les détails de l'organisation de l'homme.

de plus en plus et devient un museau; son nez est toujours aplati et ses lèvres très-longues; son menton est presque effacé, de telle sorte que l'aspect seul du singe nous manifeste parfaitement à quelle distance ce Primate est descendu par rapport à l'homme. Mais si nous le comparons à tous les autres animaux, le singe se relève alors et reprend incontestablement la première place. Il peut aussi contrefaire quelques actes humains; il peut même accomplir spontanément des actes d'une dextérité remarquable.

Le singe n'a pas d'industrie, et cette circonstance le rejette si loin de l'homme, que pour traverser, par exemple, une nappe d'eau, il n'a pas même l'instinct de l'écureuil qui, d'un fragment d'écorce, se fait une nacelle. Quoi qu'il en soit, il est peut-être le plus désœuvré de tous les animaux, et ce n'est guère que la malice qui gouverne chez lui le mouvement.

La taille du singe, toujours inférieure à celle de l'homme, se réduit graduellement dans la série nombreuse que forme la famille des Simidés.

Les membres supérieurs du singe sont plus développés que les membres inférieurs : c'est l'inverse de ce que nous voyons dans l'homme. Cette élongation du bras s'ajoute de plus en plus à la déclivité du corps et à l'exiguïté de la taille pour abaisser la main, de telle sorte que tout l'invite, pour ainsi dire, à prendre sur le sol un point d'appui. Aussi la main du singe tend à lui servir de support comme le pied; et si dans les premiers des singes, la station reste presque bipède, cependant la quadrupédité, c'est-à-dire la station sur quatre points d'appui, se montre de plus en plus dans les singes inférieurs.

Le singe a pour sa famille une vive affection. Sa voix ne se produit que par des cris aigus et stridents. Il dort assis, replié sur lui-même, appuyant les bras et la tête sur ses genoux.

La demeure du singe se trouve inscrite dans la forme même de son pied, qui, éminemment propre à saisir, nous exprime que le singe doit vivre sur les arbres. En effet, son pied lui rend difficile la marche et même la station bipède. Sur le sol, le singe ne procède que par sauts; mais, dès qu'il grimpe, toutes ses harmonies sont satisfaites.

Le régime alimentaire est différent dans les grandes et dans les petites espèces : les grandes se nourrissent de fruits, les petites se nourrissent d'insectes. Les espèces intermédiaires associent ces deux genres de nourriture.

La distribution géographique des singes se déduit naturellement de leur régime alimentaire, car il est évident que ce régime exige des contrées où l'hiver ne se montre point. Tous les Simidés habitent, en effet, les régions intertropicales; mais leur distribution y est fort remarquable par sa régularité. D'abord, les singes de l'ancien continent diffèrent essentiellement de tous les singes américains; ensuite, chaque genre particulier de singes de l'ancien, comme du nouveau continent, a sa patrie spéciale : ainsi l'un appartient à l'Asie et l'autre à l'Afrique, ou bien l'un est propre à l'Amérique septentrionale et l'autre à l'Amérique méridionale. Bien plus, deux variétés de singes pourront être africaines, mais habiteront des contrées parfaitement distinctes : l'une, par exemple, dans le Sénégal et l'autre dans l'Hottentotie; comme aussi deux variétés américaines seront placées, l'une sur la rive droite et l'autre sur la rive gauche du fleuve Amazone.

CLASSIFICATION DES SIMIDÉS.

Quel est le premier des singes? Cette question n'est, en d'autres termes, que celle-ci : quel est le singe dont l'organisation s'élève le plus vers celle de l'homme?

La réponse est assez difficile, car les apparences humaines ne se trouvent pas réunies dans un seul et même singe. Ainsi, l'un a reçu la taille la plus grande; l'autre, le bras le moins long; celui-ci, la barbe longue; celui-là, de longs cheveux. Il en est dont l'oreille est la mieux proportionnée; il en est aussi dont la face est plus expressive. Enfin, deux espèces se distinguent, l'une par le développement du nez, et l'autre par la forme de la tête. La répartition parmi les singes de tous ces indices privilégiés, concilie merveilleusement deux conditions qui semblent s'exclure, car il fallait à la fois que le Simidé portât en lui-même le témoignage de sa suprématie animale et n'eût cependant, avec l'homme, aucune parenté même physique.

Quoi qu'il en soit, le Troglodyte et l'Orang ont été placés tour à tour au premier rang des Simidés. Cuvier assigne à l'Orang la prééminence; mais Linné, Buffon, Blainville, et Geoffroy-St-Hilaire la défèrent au Troglodyte. En effet, le Troglodyte est, en général, moins éloigné de l'homme. Il a des bras moins longs, et les doigts mieux proportionnés; les ongles sont aussi moins convexes; mais ses membres postérieurs sont plus courts et restent toujours fléchis. Les orbites sont surmontés d'une crête, ce qui dégrade beaucoup sa face. L'oreille n'est pas bordée, elle est écartée du crâne et projette sa conque en avant. Le Troglodyte est toujours noir; sa taille est de 1 mètre 2 décimètres. Sa station est semi-bipède, il s'aide du bout des doigts antérieurs, parce que les membres inférieurs ne lui fournissent pas une base suffisante; mais si on lui donne la main comme à un enfant, il marche très-bien, car il ne lui faut qu'un faible auxiliaire. Le Troglodyte est Africain. Toutefois, sa patrie exclusive est la côte occidentale d'Afrique, la plus voisine de l'Equateur.

Le Troglodyte n'est pas matinal, et ne se réveille que graduellement et presque avec toutes les lenteurs de la paresse. Ses petits trouvent dans leur mère une nourrice dévouée. Mais, encore ici, l'industrie maternelle est elle-même fort restreinte, et s'il était vrai que le Troglodyte enlaçât quelques branches pour abriter sa famille, que serait cet informe et grossier treillage auprès du nid élégant et duveteux d'une simple fauvette?

La mélancolie est l'état habituel du Troglodyte, qui n'est gai que par exception. Du reste, la joie, la colère et la douleur se traduisent en lui par la même grimace. Il aime le café, les liqueurs et le vin, et en général toutes les friandises. Naturellement, il boit dans le creux de sa main; mais il apprend bien vite à se servir d'un verre, d'une fourchette, d'une cuiller; à diriger un cheval, et même à manier avec adresse la canne et l'épée. (1) Il se reconnaît dans un miroir et s'y regarde avec autant de surprise que de plaisir. Il dédaigne la société des autres singes, il aime celle de l'homme. Dans l'excès du désespoir, il porte les mains à la tête, s'arrache les cheveux et pousse des cris rauques.

Il ne se laisse jamais prendre dès qu'il est âgé seulement de quelques mois. D'ailleurs, il habite une région si peu explorée par les naturalistes, que nous n'avons presque point de détails sur ses habitudes naturelles. La zoologie doit même avouer que le Troglodyte, le premier de tous les animaux, est peut-être celui qu'elle connaît le moins.

Buffon a dit que le Troglodyte marche à deux pieds, même lorsqu'il est chargé; mais ce grand naturaliste n'observa qu'un seul individu qui faisait partie d'une ménagerie ambulante, et le bateleur avait dressé ce singe de manière à surexciter la curiosité publique à Londres et à Paris. Depuis, le

(1) Dans notre livre des *Animaux célèbres*, nous citerons des faits étonnants, qui nous éloigneraient ici de notre sujet.

Muséum a reçu deux Troglodytes : l'un en 1837, l'autre en 1848; et les observations sérieuses ont désormais établi, dans la science, que le Troglodyte, quand il marche, est toujours accroupi.

L'Orang est plus velu que le Troglodyte, mais il ne l'est pas complétement, et sa face est presque à découvert. Son nez est plat, son pouce est plus réduit que celui du Troglodyte. Mais son orbite est moins saillant, et ses vertèbres dorsales sont moins nombreuses. Son épaule est large ainsi que ses côtes; son oreille surtout est d'une forme très-élevée; mais elle diffère de celle de l'homme en ce qu'elle est privée de lobe, c'est-à-dire, de cette partie molle que présente l'oreille humaine et qui la termine gracieusement.

Son pelage est d'un roux foncé. L'exagération de ses bras, ainsi que la forme recourbée de ses doigts longs et grêles, nous traduit qu'il est plus grimpeur que le Troglodyte. Son museau est plus allongé, ses dents sont plus grandes; ses canines surtout sont énormes, et leurs racines sont aussi profondes que dans le Lion lui-même. Les crêtes du crâne annoncent l'insertion de muscles puissants; et, comme ces muscles sont destinés à l'action de la mâchoire inférieure, il en résulte que la morsure de l'Orang est formidable. Les vertèbres du cou présentent aussi de fortes saillies, où viennent s'attacher les muscles volumineux qui doivent soutenir et mouvoir la tête.

L'Orang a des poches aériennes qui communiquent avec le larynx; son cri est une sorte de mugissement.

Il a pour patrie principale l'île de Bornéo; cependant, il n'est pas rare dans l'île de Sumatra. Son habitacle est analogue à celui du Troglodyte; il se tient dans les forêts, mais toujours parmi les plaines marécageuses. Il niche sur les arbres et se construit une aire qu'il entoure de branches et qu'il garnit de feuilles; il dort sur le côté et se couvre de feuillages; il se nourrit de fruits et d'écorces; il reste tapi toute la nuit et même une partie de la journée, car il ne se lève que trois heures après le soleil et rentre bien avant le crépuscule. Souvent, il ne descend pas à terre, le mouvement sur le sol lui est, en effet, difficile et même pénible, car il marche sur le dos des doigts.

L'Orang aime l'homme et s'éloigne des autres singes. Il est sociable et même affectueux, dès qu'il s'agit de partager avec sa compagne les soins qu'exigent les petits. Naturellement triste comme le Troglodyte, il prend bien vite, comme lui, les habitudes d'un gourmet.

L'Orang n'est jamais venu que fort jeune en Europe; il est alors assez soumis, mais il devient intraitable dès qu'il est adulte.

Du reste, quand l'Orang est adulte, il diffère beaucoup du jeune âge. Des tubérosités qui se développent sur les pommettes le rendent hideux. Ces tubérosités sont des amas graisseux couverts d'une peau épaisse.

Le Gibbon est très-velu; son pelage est noir. Par la tête, il se rapproche du Troglodyte, mais il a les bras longs comme l'Orang, et comme lui, les doigts courbes et les ongles en gouttières. Les poches gutturales sont très-développées. Il porte deux caractères manifestes d'infériorité : en effet, la région frontale est très-déprimée; et, comme il dort et se tient même presque toujours assis, la peau, sous la pression du corps, se dépouille aux points d'appui, s'endurcit de plus en plus par le frottement, et forme ces plaques cornées qu'on appelle callosités.

Ses heures de lever et de coucher correspondent à celles du soleil; il ne sort que vers le milieu de la journée. Quand il se lève, il jette des cris effroyables qu'il reproduit encore à la fin du jour.

La tendresse de la mère est extrême, d'après le témoignage de tous les voyageurs. Elle porte ses petits au bord de la rivière, pour les laver en dépit de leurs cris. Quand elle est blessée mortellement, elle cherche d'abord à mettre son petit hors de danger. Elle l'établit sur une branche, ou bien elle le jette à une de ses compagnes et le lui confie.

Dans la captivité, le Gibbon s'engourdit et s'attriste. Alerte aux branches des arbres, il se déplace difficilement sur le sol; et, dans ce cas, il ne pourrait s'enfuir. Mais il est presque impossible de le surprendre; car, au moindre bruit, il s'élance à l'arbre le plus voisin et disparaît dans la forêt. Sa patrie est à peu près celle de l'Orang; toutefois, il prédomine à Sumatra.

Le Troglodyte, l'Orang et le Gibbon forment la première tribu des Simidés, les singes proprement dits. Un caractère qui leur est commun, c'est l'absence de la queue. Cet organe, dans les tribus suivantes, va se développer de plus en plus, et devenir d'une grande importance pour le mouvement.

La seconde tribu des Simidés est très-nombreuse. Elle renferme encore deux genres qui n'ont pas de queue : ce sont le Magot et le Cynopithèque. Mais tous les genres de cette tribu présentent des callosités.

Le Magot a le nez aplati. Les narines sont encore sous-nasales, c'est-à-dire qu'elles sont percées au-dessus de l'extrémité du museau, qui du reste est assez allongé. Il nous intéresse par une circonstance géographique que nous devons signaler. Car le Magot est Africain, mais il s'avance jusqu'à cette extrémité de l'Espagne qui est la plus voisine de l'Afrique. C'est le seul représentant en Europe de tous les Simidés, et sa présence simultanée dans le Nord de l'Afrique et vers le Sud de l'Espagne, prouve qu'à une certaine époque l'Europe et l'Afrique se tenaient, vers ce point. Le Cynopithèque a les narines encore sous-nasales; il diffère surtout du Magot par l'extrême allongement du museau.

Dans tous les autres genres de cette seconde tribu, la queue se développe plus ou moins. Nous devons y distinguer surtout le Nasique, le Semnopithèque, la Guenon, le Colobe, le Macaque et le Cynocéphale.

Le Nasique est ainsi appelé, parce que son nez

s'exagère à tel point qu'il dégrade la face. Il a pour patrie la Cochinchine. Il y jouit d'une grande réputation d'intelligence. Les ambassadeurs de Typpo-Saïb, venus à notre Muséum, y reconnurent leur compatriote et dirent que, dans le pays, on l'appelait homme rusé, parce qu'il ne parlait pas pour être dispensé de payer l'impôt.

Le Semnopithèque est très-agile ; ses formes grêles l'expriment suffisamment. Sa queue est remarquable par sa longueur et par sa gracilité. La longueur de ses bras entraîne la réduction du pouce ; mais si la main devient moins propre à saisir, elle trouve un auxiliaire dans un organe qui désormais sera pour les singes inférieurs très-important. En effet, la queue considérablement développée commence à devenir d'abord un simple balancier, puis elle acquiert la propriété de s'enrouler et de se fixer ainsi solidement aux branches des arbres.

Le Semnopithèque est doux et intelligent. On n'a jamais pu le conserver encore en captivité. Il est vénéré des Indiens, qui se regardent comme très-honorés, lorsqu'un Semnopithèque veut bien dévaster leur verger. Il en est une espèce qui mérite d'être signalée par sa vestiture singulière : presque chaque région de son corps a sa couleur propre ; il a gants blancs, buste gris et vert, jambe noire.

Les différences extérieures entre le Semnopithèque et la Guenon ou Cercopithèque, sont peu tranchées. La Guenon a la queue moins longue, les formes générales moins grêles. Elle ne diffère guère du Semnopithèque que par les poches élastiques appelées abajoues. Ces poches longent les mâchoires et résultent de la dilatation seule de la peau. Et cependant, quelle différence dans leur patrie et surtout dans leurs mœurs ! Le Semnopithèque a l'attitude douce, calme, réfléchie ; la Guenon est irritable, pétulante, capricieuse ; elle passe brusquement d'une caresse à une morsure. Le Semnopithèque est Asiatique.. L'Afrique est au contraire la patrie des Guenons, groupe nombreux dont chaque espèce habite toutefois un quartier différent. Leurs formes sveltes et légères répondent fort bien à leurs habitudes taquines et agitées. Leur vie n'est, en effet, qu'un mouvement continuel, interrompu seulement par le repos de la nuit. Les Cercopithèques se tiennent au sein des forêts, mais dans le voisinage des cultures, afin de se ménager ainsi le couvert et le toit, l'abondance et la sécurité. Malheur donc au verger ou bien au champ qui se trouve envahi, car la troupe se compose de trois à quatre mille individus ; les dégâts sont donc immenses et instantanés. Que pourrait, en vérité, la vigilance la plus inquiète contre ces milliers de maraudeurs qui se font une joie du pillage et ne se laissent jamais surprendre ? Admirez plutôt avec quelle tactique s'opère l'invasion, et avec quel instinct tout est disposé pour que, dans tous les cas, la retraite soit rapide et complète. Tandis que, sur une éminence parfaitement choisie, des sentinelles font le guet et dardent tout autour leur regard mobile et pénétrant, les plus agiles se placent hardiment aux points les plus exposés, et les autres forment une chaîne animée mais silencieuse, qui se termine au loin par les individus que l'âge ou les fatigues ont affaiblis. En quelques minutes, la bande dépouille le champ ou le verger, et c'est à peine si l'œil peut suivre le fruit que les Guenons se passent de main en main avec une adresse incroyable. Le cri d'alarme est-il jeté? les pillards s'enfuient et se dispersent, sans être même embarrassés par le butin, car les provisions sont recueillies dans les abajoues. Du reste, les Guenons sont pour les autres animaux des voisins fort incommodes. Ainsi, quand elles ont accaparé une forêt, l'Éléphant lui-même se garde bien d'y pénétrer, car il serait bientôt forcé de se mettre en retraite sous la grêle des projectiles de toute nature, qui tomberait immédiatement sur lui. Heureusement les Guenons sont attaquées par des oiseaux de proie et par des serpents qui savent les surprendre pendant leur sommeil.

Le Colobe (mutilé) est ainsi appelé, parce qu'il est privé de pouce à la main qui termine le bras. C'est une conséquence naturelle d'un grand principe zoologique, celui du *balancement des organes*. D'après ce principe, le développement des organes est toujours compensé. Ainsi, quand un organe s'exagère, un autre se réduit, de telle sorte qu'à mesure que le bras s'allonge, par exemple, les doigts deviennent courts et grêles. Et si l'allongement du membre est considérable, le nombre des doigts diminue, et c'est le pouce, doigt par excellence, qui disparaît le premier. Mais, par une autre compensation inattendue, tandis que la faculté de saisir s'atténue à l'extrémité du bras, elle tend à se manifester à l'extrémité de la queue. Toutefois, la queue du Colobe n'est pas encore prenante, mais elle est longue et elle essaie déjà de concourir à la prestesse du mouvement. Le Colobe noir et blanc est une espèce particulière qui plaît par cette vestiture simple, mais harmonieuse.

Le Macaque est Asiatique; son museau est plus allongé que celui du Colobe; ses dents, par cela même, sont plus grandes. Il a le corps épais, les membres gros et courts; sa colère est continuelle et la frayeur ne suffit pas pour le refréner; il jette un cri rauque et fait d'horribles grimaces; il est très-gourmand, comme l'indique l'élongation de son museau; son pelage est sombre.

La brièveté de la face, fort remarquable dans le Semnopithèque, se maintient encore dans le Colobe comme dans la Guenon. Mais le museau, à partir du Macaque, s'allonge successivement jusqu'au Cynocéphale, dans lequel il s'exagère tellement qu'il ressemble à celui d'un chien. Or, ce caractère d'infériorité est accompagné d'un autre signe de dégradation, car les narines cessent d'être sous-nasales et deviennent terminales, c'est-à-dire qu'elles se transportent à l'extrémité du museau. Parmi les singes qui nous conduisent par degrés du Semnopithèque au Cynocéphale, nous devons encore citer le Miopithèque, qui se distingue par de longues oreilles. Ce genre est Africain.

Le Cynocéphale a le museau très-allongé et les narines tout à fait terminales. Les canines sont considérables, car le nombre des dents est resté le même, quoique la mâchoire se soit excessivement développée. Le cerveau, par conséquent, se restreint et l'instinct diminue. La forme générale est lourde, et les membres, trapus. Le Cynocéphale est Africain. Ses mœurs doivent être évidemment modifiées, car il n'est plus organisé pour saisir. Sa station est quadrupède, il est cependant resté animal grimpeur. Mais, comme il faudrait de fortes branches pour le soutenir, il évite les forêts et se tient sur les rochers, au milieu des broussailles, sur les pentes abruptes des Montagnes. En revenant ainsi par le Cynocéphale, à des singes de grandes dimensions, nous revenons en même temps à des habitudes d'indépendance que rien ne peut briser. Le Cynocéphale ne se laisse jamais prendre vivant; il préfère la mort à la servitude. M. de Lalande en fit lui-même l'expérience. Ayant fait cerner des Cynocéphales sur un roc isolé, l'instinct de la liberté les poussa tous à se précipiter à plus de cent mètres de profondeur, pour ne pas être pris. Toutefois, le jeune Cynocéphale et l'adulte présentent encore une grande différence. Jeune, le Cynocéphale est turbulent; mais, adulte, il est tendu vers la violence et vers le mal. Cette différence dans le même animal, à des âges différents, est exprimée à la surface même du crâne, qui est uni dans le jeune âge, tandis que, dans le Cynocéphale adulte, la tête se hérisse d'énormes crêtes osseuses. Le Cynocéphale est alors le plus féroce des animaux. Sa colère est furieuse et spontanée, sa force est extrême, ses dents sont formidables. Ce ne sont point ses appétits qui l'irritent, car il est frugivore. Le Papion est un Cynocéphale à queue assez longue. Le Mandril est un Cynocéphale à queue très-courte, mais sa face est variée de belles couleurs bleue et rouge, tandis que le Dril est un Cynocéphale à queue très-courte, mais à face noire.

En terminant ici les singes de l'ancien Continent, nous devons faire remarquer que leur étude nous intéresse sous deux rapports, car ils se divisent en deux tribus, et chacune d'elles nous offre un fait que nous devons constater. La première tribu nous présente les singes supérieurs, c'est-à-dire ceux dont l'organisation extérieure est la moins éloignée de celle de l'homme. Ainsi, c'est à l'ancien Continent qu'appartient le premier de tous les animaux. La seconde tribu nous offre un fait qui mérite aussi notre attention. Tous ces Simidés sont établis sur un même modèle, mais avec cette différence que, successivement, le museau devient plus long, les dents plus fortes, les formes plus lourdes, le crâne plus restreint; et cette dégradation successive du crâne traduit parfaitement celle des mœurs : la taquinerie de la Guenon devient méchanceté dans le Maçaque, et brutalité dans le Cynocéphale.

Dans la série des singes américains, nous allons trouver une dégradation aussi nette, aussi manifeste. Mais nous n'arriverons point à des formes aussi bizarres, aussi descendues que celles du Cynocéphale. En effet, les singes de l'Amérique sont essentiellement arboricoles. Ce sont des grimpeurs par excellence, et leur aptitude à vivre sur les arbres est inscrite dans tous les détails de leur organisation, mais surtout dans la puissance de leur queue qui est longue, musculeuse et préhensile.

Les singes américains, comme ceux de l'ancien continent, se divisent en deux tribus. Ces deux tribus portent des caractères communs d'infériorité dans la dégradation successive de leurs formes et de leur main. Elles se distinguent l'une de l'autre par le système dentaire.

Le mouvement leur est, en général, si facile et si nécessaire, qu'ils n'ont pas besoin d'abajoues ; et comme dans leur station assise, c'est la queue qui sert de point d'appui, leur corps ne présente point de callosités.

Les singes américains ont les narines plus ou moins écartées.

La première tribu présente 36 dents, ce qui détermine nécessairement l'allongement de la mâchoire.

La seconde tribu retient, il est vrai, le système dentaire des singes supérieurs, c'est-à-dire qu'elle n'a que 32 dents; mais elle est profondément dégradée par la forme de ses doigts et surtout par celle de ses ongles qui deviennent des griffes propres à se piquer aux écorces les plus lisses.

Les proportions générales de la taille sont plus petites dans les singes d'Amérique que dans ceux d'Afrique ou d'Asie. Cette réduction de la taille entraîne la faiblesse, mais favorise la légèreté. Quant à la dégradation de la main, elle résulte naturellement de l'exagération même des membres ; mais si cet organe est alors moins propre à saisir un fruit, il est cependant très-apte à s'accrocher. D'ailleurs, l'animal trouve dans sa queue un auxiliaire, sur lequel il compte encore plus que sur la main pour se suspendre aux branches ou pour s'y fixer.

La première tribu comprend plusieurs genres, parmi lesquels nous devons remarquer le Saïmiri, le Nyctipithèque, le Sapajou, l'Atèle, le Hurleur et le Saki.

Le Saïmiri est un joli petit singe des bords de l'Orénoque. Sa face est couleur de chair, ses lèvres sont noires. Sa queue est très - faiblement prenante.

Le cerveau du Saïmiri est très-volumineux. Mais c'est en arrière et non en avant que se porte son principal développement, ce qui nous annonce dans cette famille une grande tendresse maternelle. Sont front, comme dans les singes supérieurs, est saillant sur la ligne moyenne. Son museau est petit et raccourci. L'appareil nasal est presque sacrifié.

Le Saïmiri est très-curieux et cependant très-circonspect. Il sait reconnaître l'insecte dont on lui montre l'image. Son organisation délicate lui rend notre climat très-rigoureux.

Le Nyctipithèque est caractérisé par l'ampleur de ses yeux qui nous traduisent ses habitudes nocturnes. Son crâne, qui est le plus arrondi, nous révèle toute sa sagacité.

La queue devient assez fortement prenante dans le Sapajou, quoique cependant elle ne soit pas encore calleuse à sa face inférieure. Le Sapajou est docile, vif, intelligent. Son cri plaintif lui a fait donner le surnom de *Pleureur*. Presque tous les singes apprivoisés appartiennent à ce groupe qui peuple les forêts de l'Amérique méridionale.

L'Atèle répète ce que nous avons remarqué dans le Colobe : l'allongement des membres entraîne la suppression du pouce. La gracilité de sa forme lui avait fait donner le nom de singe-araignée, mot heureux qui traduit bien les apparences de ses pattes allongées. L'Atèle est presque toujours noir ; il en est une espèce qui a la face vineuse.

Le Hurleur a la queue la plus puissante de tous les Pilifères, après celle des Cétacés, c'est-à-dire de ces immenses Mammifères aquatiques analogues à la Baleine. La face inférieure de cette queue est calleuse dans le tiers de son étendue.

Contrairement aux autres singes, le Hurleur aime les lieux humides.

Pourvu de cinq membres, car la queue est aussi préhensile que la main, il se tient aux sommités des grands arbres, éloigné du sol le plus possible. Il est plein de confiance dans la force de sa queue. Il peut s'y suspendre tout à l'aise et soutenir même un autre individu, sans paraître en éprouver la moindre fatigue. . . . . . .

Le Hurleur n'a pas de front, par suite du développement excessif de la mâchoire inférieure qui présente entre ses deux moitiés une caisse aérienne. Cette caisse sonore donne à sa voix un volume énorme et un caractère effrayant. On peut entendre, à une distance de six kilomètres, les clameurs de ces bandes nombreuses qui se tiennent dans les forêts de l'Amérique méridionale, principalement dans la Guyane et dans le Brésil. Les cinq doigts de la main sont compris dans le même mouvement, disposition qui la rend fortement prenante, mais qui, pour les mouvements partiels, en diminue la dextérité. La coloration des Hurleurs passe, par degrés successifs, du roux doré au noir le plus complet. Bien plus, dans l'espèce appelée Hurleur noir, la femelle et le petit sont de couleur jaune. Quelques auteurs, trompés par cette apparence, en ont fait deux espèces distinctes. Remarquons ici pour la première fois que, dans un genre américain, dès qu'il s'étend sur une assez grande surface, les espèces ne se distinguent presque plus par la coloration, car la transition d'une couleur à l'autre s'opère par nuances insensibles.

Le Saki n'a pas reçu ces auxiliaires qui permettent aux petits singes de vivre commodément au milieu des autres. Il y supplée par son instinct qui le fait remonter presque au niveau de l'Orang. Sa physionomie rayonne de douceur et d'intelligence. La gracieuseté de ses mouvements est charmante. Il écoute la parole avec étonnement ; et cherchant alors à s'en expliquer le mécanisme, il porte la main sur les lèvres, sur les dents de la personne qui parle, et paraît fort déconcerté de ne pouvoir résoudre le problème. Le Saki s'écarte de tous les singes précédents par ses dents incisives qui sont proclives à la mâchoire inférieure. Sa queue est très-velue, et, comme le développement pileux se fait toujours aux dépens des muscles, il en résulte que la queue perd ici toute sa puissance. La toison du Saki est très-épaisse, ce qui pourrait faire croire d'abord qu'il a des formes alourdies. Cette vestiture si chaude dans un animal qui a pour patrie les régions équatoriales, indique que ce petit singe est crépusculaire. Cette circonstance est pour lui une sauvegarde, car il se met en activité pendant que les grandes espèces prennent le repos de la nuit. Sa queue, qui n'est plus qu'un simple ornement, exprime que le Saki est peu grimpeur. En effet, il se tient dans les broussailles, ou ne s'élève qu'aux branches inférieures. Il vit de miel, de fruits et d'insectes. Une particularité qui le distingue, c'est que, tandis que les autres Singes boivent en humant, le Saki, pour ne pas souiller sa longue barbe, recueille l'eau dans le creux de sa main.

Il y a trois espèces de Sakis, qui toutes appartiennent à l'Amérique méridionale, mais sont distribuées séparément dans trois régions distinctes : la Guyane, le Brésil et le Pérou. Elles sont analogues en ce qu'elles portent à leurs quatre extrémités des gants d'un jaune vif.

La seconde tribu des singes américains paraît d'abord supérieure par le nombre des dents qui est de 32, car elle remonte ainsi jusqu'au système dentaire des singes les plus élevés. Mais les dents molaires sont hérissées d'aspérités et se dégradent ainsi pour les constituer animaux insectivores. Ils se distinguent encore par leur taille qui est très-petite et par leurs ongles qui sont conformés en griffes. Le pouce de la main antérieure est à peine opposable ; il se meut comme les autres doigts, et il est compris dans le même mouvement. Le pouce de la main postérieure est plus distinct, mais il est si réduit, qu'il est pour ainsi dire sans usage. Ainsi, le caractère essentiel du Primate s'est presque effacé dans cette dernière tribu de tous les singes. La tête est arrondie, la face courte, les narines latérales, la queue longue et touffue. L'exiguïté de la taille, comme la forme des ongles, nous annonce que ces petits Singes vivent naturellement sur les arbres. Mais, tandis que le Simidé ordinaire saisit la branche entre le pouce et les doigts, ou bien, quand le pouce lui manque, entre la paume et les doigts, les Singes de cette tribu se piquent aux écorces des branches les plus flexibles et les plus élevées. Ils sont doués d'une grande agilité. Leur allure est gracieuse, ils s'apprivoisent aisément. Cette tribu comprend deux genres : l'Ouistiti et le Tamarin.

L'Ouistiti est ordinairement d'un gris brun avec un pinceau blanc derrière les oreilles. On a dit souvent que, sous le rapport de l'instinct, il ne dépassait guère l'Ecureuil et ne reconnaissait pas la personne qui le soignait. C'est une erreur formellement contredite par les observations de M. Audouin qui cite des faits nombreux, étudiés sur un Ouistiti que ce savant professeur élevait lui-même. Nous devons signaler un de ces faits, qui nous paraît fort remarquable. Un jour, ce petit Singe admis au dessert parmi les convives qu'il charmait par ses gentillesses, voulut manger un grain de raisin qui lui fut offert. Mais il l'écrasa de telle sorte que le jus rejaillit jusque dans ses yeux. La douleur lui fit d'abord rejeter le grain avec dépit, et toutefois sa langue savourait avec délice la partie du jus qui l'avait humectée. L'année suivante, M. Audouin lui présenta de nouveau une grappe attrayante, et cette fois, l'Ouistiti eut le soin de fermer les yeux, en écrasant un à un tous les grains. Nous ne savons s'il faut admirer le plus cette puissance du souvenir, ou la simplicité du préservatif.

Le Tamarin diffère peu du Ouistiti. Seulement, ses incisives inférieures sont proclives et ses canines sont fortes. Il est noir, mais une espèce a des gants jaunes. Le Tamarin appelé Singe-Lion est le plus beau des Pilifères, car sa vestiture est d'un jaune d'or très-vif.

FAMILLE DES SIMIDÉS.

DIVISION EN GENRES.

Tribu I. Pithéciens.

			QUEUE NULLE.	QUEUE EXISTANT.
MEMBRES ANTÉRIEURS	de proportions presque humaines		Troglodyte.	
	très-longs	point de callosités	Orang.	
		des callosités	Gibbon.	

Tribu II. Cynopithéciens.

						QUEUE NULLE.	QUEUE EXISTANT.
NEZ	très-proéminent						Nasique.
	aplati. Narines	sous-nasales. Museau	très-court. Formes	très-grêles. Pouces antérieurs	très-courts		Semnopithèque.
					manquant		Colobe.
				sveltes			Miopithèque.
			court				Cercopithèque.
			assez allongé			Magot.	Macaque.
			très-allongé			Cynopithèque.	Théropithèque.
		terminales. Museau extrêmement allongé					Cynocéphale.

Tribu III. Cébiens.

						QUEUE NULLE.	QUEUE EXISTANT.
INCISIVES INFÉRIEURES	verticales. Queue	velue	très-faiblement prenante. Tête arrondie. Crâne	très-volumineux			Saïmiri.
				assez volumineux. Yeux	bien développés		Callitriche.
					énormes		Nyctipithèque.
			assez fortement prenante				Sapajou.
		en partie nue et calleuse, très-fortement prenante. Gorge	non renflée. Pouce antérieur	existant			Lagotriche.
				manquant. Narines	rapprochées		Eriode.
					écartées		Atèle.
			renflée				Hurleur.
	proclives. Queue	longue					Saki.
		courte					Brachyure.

Tribu IV. Hapaliens.

		QUEUE NULLE.	QUEUE EXISTANT.
INCISIVES INFÉRIEURES	verticales, canines moyennes		Ouistiti.
	un peu proclives, canines grandes, divergentes		Tamarin.

FAMILLE DES LÉMURIDÉS.

Le Lémuridé se distingue du Simidé par les dents et par les ongles. C'est en quelque sorte un Simidé dans lequel se montre déjà l'animal carnassier. Nous avons dit que le Singe répète le système dentaire de l'homme. Les dents molaires du Lémuridé commencent, au contraire, à devenir tranchantes. Le Singe a tous les ongles similaires, tandis que le Lémuridé présente un ongle au moins qui se relève en griffe propre à déchirer. Ainsi, par ses dents, comme par ses ongles, le Lémuridé tend à se nourrir de chair, et sous ce rapport, il établit la transition entre l'ordre des Primates et l'ordre des Carnassiers.

Dans le Lémuridé, les membres postérieurs sont plus longs que dans le Singe, et le Lémuridé est ainsi plus voisin des proportions humaines. Mais le membre postérieur s'exagère bientôt pour le rendre animal sauteur. L'opposabilité du pouce est toujours complète, mais ce pouce est grêle.

Dans cette famille, comme dans la précédente, les grandes espèces sont frugivores et les petites espèces sont insectivores; mais elles peuvent au besoin se nourrir de proie, et quelques genres semblent même s'y porter de préférence.

La vestiture du Lémuridé est très-laineuse, très-chaude. Cette abondante toison dans un animal de la zone torride, nous annonce qu'il est crépusculaire. Il dort, en effet, dans le milieu du jour comme dans le milieu de la nuit, et ne se met en activité qu'à la lumière affaiblie de l'aurore et du crépuscule, c'est ce que nous exprime encore son œil volumineux.

Il est essentiel de retenir que le Lémuridé est intermédiaire entre le Singe et le Carnassier, car ce caractère mixte se reproduit sur plusieurs points de son organisation. Il présente l'aspect général du Singe, mais il a la tête allongée du Renard. Les narines sont toujours au bout du museau et ne s'ouvrent point par un simple orifice, mais par une fente un peu contournée. L'oreille est très-déformée. L'orbite est incomplet, car l'œil n'a pas de cloison en arrière.

La famille des Lémuridés répond à celle des Singes; car des deux tribus qui forment cette famille, l'une représente les Singes de l'Ancien Continent, et l'autre, les Singes de l'Amérique.

La première tribu est celle des Indrisiens, qui a pour type l'Indri. Les Indrisiens sont tous de l'île de Madagascar. Ils sont peu connus, comme leur patrie si peu explorée par le naturaliste.

La seconde tribu est celle des Lémuriens. Ils ont pour type les Makis, qui sont aussi très-communs à l'île de Madagascar. Les Makis ont la queue longue et touffue. Les grandes espèces sont frugivores et crépusculaires, les petites espèces sont insectivores, et précisément, parce qu'elles sont plus faibles, elles sont plus nocturnes. Les Makis sont très-agiles et très-frileux.

Le Loris forme un genre singulier. Il est petit et à membres très-grêles. Il a les dents du Maki, mais les yeux très-volumineux et la queue rudimentaire. Il est Indien, mais surtout fort commun à Ceylan et à Java. Il est peu connu; on sait seulement qu'il dort profondément durant tout le jour, et que, pendant la nuit, son activité est perpétuelle. Il est fort rusé; il rampe doucement vers sa proie, et, parvenu à une certaine distance, il la saisit rapidement et la déchire. C'est ainsi qu'il surprend les oiseaux. Il se rabat cependant sur les insectes et sur les fruits.

Enfin, nous devons placer ici le Galago et le Tarsier.

Le Galago a le pied singulièrement allongé. Le volume des yeux est encore plus grand que dans le Loris. Les conques auditives sont membraneuses et très-développées. Le Galago est Africain et habite spécialement le Sénégal. On l'appelle animal de la gomme, parce qu'il vit sur les arbres qui la produisent, mais il est insectivore. Il guette l'insecte qui passe, et se détend vers lui comme un ressort.

Le Tarsier est ainsi appelé, parce qu'il a le tarse, le pied, d'une longueur démesurée. Un autre caractère distinctif, c'est que, par le développement extrême des globes oculaires et des conques auditives, les yeux viennent se toucher ainsi que les oreilles. Cette double circonstance nous annonce un animal nocturne par excellence. En effet, deux conditions peuvent constituer l'animal nocturne : ou la délicatesse excessive de la vue, ou l'excessive délicatesse de l'ouïe. Le Tarsier est donc nocturne à la fois et par l'œil et par l'oreille. La lumière et le son lui sont également insupportables. Il habite l'île d'Amboine et l'Archipel Indien. Ses mœurs sont peu connues.

ORDRE DES CARNASSIERS.

Nous pourrions à volonté passer des Primates aux Carnassiers, par le Kinkajou; aux Chauve-Souris, par le Galéopithèque; aux Rongeurs, par le Aye-Aye; aux Edentés, par le Paresseux, car la nature est plus riche que nos prévisions, et les points de contact sont multiples entre les différents Ordres zoologiques. Mais il est plus naturel de passer immédiatement des Primates aux Carnassiers, qui sont évidemment supérieurs à tous les autres Pilifères. Le Kinkajou forme l'anneau de transition. Il retient, en effet, quelques caractères des Primates, réunis aux caractères essentiels des Carnassiers. Et comme les caractères du Carnassier prédominent en lui, il doit être compris dans ce second Ordre, en y occupant toutefois la première place.

Le Carnassier diffère du Primate en ce qu'il n'a plus de main. Ses quatre membres sont constitués en pattes, c'est-à-dire qu'ils ne sont plus que des organes de locomotion. Mais, si la patte n'est plus un organe préhenseur, elle retient cependant un des priviléges de la main. Ainsi le Chat peut, sous sa griffe, retenir sa proie; mais il ne peut rien saisir entre ses doigts. Nous remarquerons même que c'est la patte antérieure qui a le plus de dextérité, parce qu'elle représente la main, dont elle occupe la place.

Le Carnassier est encore dégradé, relativement au Primate, par son système dentaire. Les dents s'altèrent dans leur nombre et dans leur forme. Chaque mâchoire porte six incisives, tandis que le Primate n'en a que quatre; les canines sont grandes et les molaires sont plus ou moins aiguisées ou plus ou moins hérissées de pointes, selon que le Carnassier se nourrit de chair ou bien d'insectes. Quand le Carnassier se nourrit de chair, on l'appelle carnivore; quand il se nourrit d'insectes, on l'appelle insectivore.

Le Carnassier est donc ainsi défini : Pilifère à pattes et à dents plus ou moins aiguisées.

Pour nous guider dans la classification relative des différents Carnassiers, nous ne pouvons plus prendre pour mesure le plus ou moins de ressemblance avec l'homme, caractère qui nous a parfaitement servi dans les Primates, parce que le type humain est désormais trop effacé. C'est sur le système dentaire que nous allons nous fonder tout d'abord, car il nous traduit admirablement le plus ou moins de carnivorité. Ensuite la conformation de la patte nous servira comme caractère secondaire.

Le Kinkajou est Africain. Il présente un fait bien singulier : l'atrophie du doigt indicateur. Cette réduction d'un doigt si important dans la main du Primate, est ici fort remarquable ; mais attachons-nous surtout à son système dentaire, qui est celui de tous les Carnassiers.

Les dents incisives sont au nombre de six à chaque mâchoire; tandis que le Primate, comme l'homme, n'en a que quatre. Les canines sont grandes.

Le Kinkajou forme seul la première famille des Carnassiers.

L'autre famille va de l'Ours au Lion, par des transitions insensibles, et le degré croissant de carnivorité se lit si bien dans le système dentaire, que la modification d'une seule dent, dite carnassière, suffit pour prévoir à la fois l'organisation complète de l'animal et son régime alimentaire.

Les dents molaires se divisent en carnassières et en tuberculeuses, suivant qu'elles sont de forme tranchante ou de forme aplatie. Quand les dents carnassières agissent, elles se rencontrent latéralement, c'est-à-dire qu'elles se croisent comme les deux branches d'une paire de ciseaux. Cette disposition les rend éminemment propres à couper. Au contraire, quand les tuberculeuses jouent l'une sur l'autre, elles se rencontrent couronne contre couronne, surface contre surface, ce qui les rend spécialement propres à broyer, comme le pilon qui agit sur son mortier.

Lorsque les tuberculeuses prédominent, l'animal n'a qu'une faible carnivorité. Sa préférence incline vers le régime végétal. Exemple : l'Ours.

Lorsque les carnassières prédominent, la carnivorité est extrême, et le Carnassier alors ne se rabat jamais sur les plantes. Exemple : le Lion.

Enfin, lorsque les carnassières et les tuberculeuses se balancent, l'animal présente une carnivorité moyenne. Il préfère la chair sans doute, mais il accepte volontiers les substances végétales. Exemple : le Loup.

Ainsi, pour graduer la série nombreuse des Carnassiers, rappelons-nous toujours ces trois jalons : l'Ours, le Loup et le Lion, qui expriment la marche ascendante de la carnivorité.

Mais le système dentaire n'est pas, pour nous, un guide isolé, car il est toujours accompagné d'un caractère harmonique, dans la patte. En effet, l'ongle qui termine les doigts revêt toujours la forme qui correspond le mieux à celle des dents. L'ongle est obtus dans l'Ours; très-acéré, dans le Lion; tandis que, dans le Loup, l'état de l'ongle est moyen comme celui de la dent.

TRIBU DES URSIENS.

La prédominance des tuberculeuses caractérise cette tribu. La patte est courte avec cinq doigts à chaque pied. Les ongles sont forts et obtus. Les formes sont lourdes. Le corps est allongé. L'œil est petit, l'oreille est courte. L'allongement du museau annonce un odorat très-développé. Les Ursiens sont peu carnivores.

Cette tribu comprend l'Ours, le Mélours, le Raton et le Coati.

L'Ours a le corps allongé, fourré, bas sur pattes. Chaque patte est terminée par cinq doigts armés d'ongles très-forts dont il se sert, tour à tour, pour arracher les racines et pour grimper. Il est plantigrade, c'est-à-dire que, dans sa marche, il appuie à la fois le talon, la plante et les doigts. Son museau long indique un odorat très-fin. Son œil est pénétrant, ses conques auditives sont courtes. Sa queue est rudimentaire et reste même cachée dans la fourrure qui est très-épaisse.

Un fait bien remarquable, c'est que l'Ours a un grand nombre de petits, et qu'ils naissent exigus et débiles.

Les deux points qui intéressent le plus dans l'Ours sont : sa distribution géographique et la concordance parfaite entre ses habitudes et son organisation.

Il n'y a pas d'animal entièrement cosmopolite ; mais l'Ours se trouve répandu dans presque toutes les parties du Globe, ce qui le dégrade encore par rapport aux Singes, dont chaque espèce a sa patrie précise et circonscrite.

L'Ours manque dans l'Océanie et peut-être en Afrique, mais il est assez commun en Asie, en Europe et en Amérique.

Le second point qui nous intéresse dans l'Ours, c'est que ses habitudes sont précisément celles que nous annonce son système dentaire. Il préfère le régime végétal, il est très-friand de miel et ne se jette sur les animaux que lorsqu'il est exaspéré par la faim.

Le tégument de l'Ours diffère selon les contrées

qu'il habite. L'Ours brun se tient dans les régions centrales de l'Europe, de l'Asie et des deux Amériques. L'Ours noir est propre à l'Amérique septentrionale. L'Ours blanc habite tout autour du pôle Nord ; par conséquent, il appartient à la fois à l'Asie, à l'Europe et à l'Amérique. Il importe beaucoup de le désigner sous le nom d'Ours polaire et non d'Ours blanc ; car, dans un grand nombre de familles zoologiques, il y a des variétés albines tout à fait accidentelles. Cette coloration particulière n'est pas un caractère essentiel, puisqu'il n'est pas transmissible et qu'il se montre inattendu dans l'espèce noire de l'Amérique.

Le tégument propre à l'Ours polaire est en harmonie parfaite avec le pays qu'il habite, car le blanc a le double avantage de lui conserver mieux sa chaleur et de le dissimuler parmi les neiges.

On lui donne quelquefois le titre de féroce, parce que, plus exposé à manquer de substances végétales, il est forcé d'être plus hardi et plus agressif que les Ours qui se tiennent dans des régions plus riches ou moins rigoureuses. Il se décide alors à naviguer sur d'énormes glaçons qui descendent du pôle, vers les plages lointaines des régions tempérées.

Du reste, sa prédisposition aux circonstances de la vie aquatique se manifeste dans les formes de son corps, de sa tête et de son pied, qui sont plus allongées que dans les autres espèces d'Ours. Son pelage est plus serré. La paume et la plante sont fourrées, pour être en rapport avec le climat. Son museau plus effilé nous indique un odorat plus fin. C'est qu'en effet, dans les climats froids, les odeurs sont moins intenses. Sa patte beaucoup plus fourrée, même en dessous, lui permet de marcher sur la neige et de s'appuyer sur l'eau. Sa tête est aplatie. Les régions glaciales qu'il habite lui refusant presque toujours une nourriture végétale, le forcent à manger le plus souvent de la chair, et c'est sur le Phoque principalement que se porte son appétit glouton.

L'Ours noir, dans ses mauvais jours, ne dédaigne pas le poisson et s'en empare d'une façon fort singulière. Il entre dans l'eau pas à pas, s'immerge presque tout entier, ne laissant à la surface que sa tête pour respirer. Puis il se tient immobile. Bientôt, le fretin rassuré accourt et pénètre dans cette fourrure où il trouve une eau tiède qu'il aime et les émanations animales qui la rendent, pour lui, savoureuse et nutritive. Dès que l'Ours juge le moment convenable, il sort brusquement de l'eau. La toison, par son propre poids, retient tous les petits poissons qui s'y sont engagés. Parvenu sur le rivage, l'Ours secoue violemment sa fourrure et fait tomber le riche produit de sa pêche qu'il mange tout à l'aise sur le sable.

L'Ours brun est mieux connu. Il a le corps trapu, les pattes fortes et armées d'ongles fouisseurs. Les muscles puissants qui rendent sa tête très-large, indiquent qu'il est beaucoup plus robuste que les autres Ours. Le museau, terminé par un cartilage où s'ouvrent les narines, et l'habitude de tout flairer, dénotent très-bien, chez lui, l'activité de l'odorat. Il est très-plantigrade. Cette tenue de la patte diminue sa vitesse, mais lui donne un pas assuré. Sa force est énorme, il combat dressé sur les pattes postérieures et se sert de ses pattes antérieures pour étouffer son ennemi. Le Lion lui-même, s'il se laissait enlacer, succomberait dans la lutte. Les bateleurs dressent l'Ours à des exercices divers. Son instinct lui permet même d'accomplir des actes qui méritent notre attention. (1)

Durant l'hiver, l'Ours tombe dans une somnolence qui enchaine ses mouvements et le retient dans la caverne dont il a fait choix pour passer la saison rigoureuse. Il s'endort fort gras et se réveille fort maigre. Cette sorte d'hibernation lui est commune avec l'Ours noir comme avec l'Ours polaire; mais l'Ours polaire, encore ici, présente une particularité. Lorsque la neige commence à tomber avec abondance, il se replie sur lui-même et dresse son museau vers le ciel. Bientôt, il est enseveli sous une couche fort épaisse, mais ses communications avec l'air restent libres, parce que la chaleur qui se dégage de ses naseaux établit un courant d'air chaud qui forme et maintient un soupirail s'élevant jusqu'à l'atmosphère.

(1) Dans notre livre des *Animaux Célèbres*, nous en produirons un exemple fort intéressant.

Le phénomène de l'hibernation s'efface dès que l'Ours est réduit en domesticité. La nourriture qu'il reçoit alors tous les jours, le tient en activité continue. Il n'éprouve désormais, comme les autres animaux, que le sommeil de la nuit. Dans tous les points du Globe, l'Ours se tient aux cimes les plus élevées. Son vêtement très-chaud lui permet de vivre sans peine dans le voisinage des neiges éternelles. Ainsi éloigné de l'homme, il trouve, sur les montagnes, une nourriture plus abondante et un gîte plus sûr.

Le Mélours est moins volumineux que l'Ours, et ses ongles sont énormes. Il doit donc grimper beaucoup mieux. Sa toison est noire et fort épaisse. Le cartilage de son nez s'allonge en auvent considérable. Ses lèvres sont très-développées. Sa docilité le fait rechercher des jongleurs. Il habite les montagnes de l'Inde.

Le Raton est plus petit encore ; il a donc une facilité de plus pour monter sur les arbres. Les aspérités de ses tuberculeuses nous indiquent qu'il mange des insectes. Il est plus nocturne que l'Ours. Son pelage est gris, avec une bande noire et une bande blanche à la face. Sa fourrure est très-chaude quoique grossière. Sa patte est presque aquatique. Il habite exclusivement le continent américain. Il a une habitude curieuse : il lave toujours sa nourriture avant de la manger. Il est souvent le pourvoyeur de l'Ours. Il dépiste alors la proie et la pousse vers l'Ours qui s'en empare et ne lui laisse qu'une très-petite part.

Le Coati est encore plus grimpeur. Son corps souple et allongé tend à devenir vermiforme. Son museau se termine en grouin. Il est moins nocturne que le Raton et d'un naturel plus doux. Ses doigts sont semi-palmés ; ses ongles, grands et acérés ; sa queue, longue et forte. Il se nourrit d'œufs et d'insectes. Il se lie d'amitié avec certains Singes ; mais une liaison plus singulière constatée à la Ménagerie, est celle d'un Coati et d'une Marmotte, animaux si différents et par conséquent si éloignés. Son pelage est brun dans l'Amérique septentrionale, et roux dans l'Amérique méridionale.

Remarquons ici que, depuis l'Ours, la taille s'est successivement atténuée et que le corps a pris les conditions vermiformes. Ces deux circonstances nous préparent à la tribu qui suit. Or, pour passer à la tribu des Caniens, deux voies nous sont ouvertes. Les deux nous y conduisent par degrés ; ce sont : la tribu des Mustéliens et celle des Viverriens. Nous commencerons par celle des Mustéliens, parce qu'elle est plus nombreuse, et que, dès lors, la dégradation marche à plus petits pas.

TRIBU DES MUSTÉLIENS.

Avec les Mustéliens, nous faisons un pas vers la carnivorité ; car la dent carnassière est plus tranchante et les tuberculeuses diminuent. Par harmonie, les ongles deviennent plus propres à déchirer.

Cette tribu comprend le Blaireau, le Mydas, le Ratel, le Glouton, le Huron, la Moufette, le Zorille, la Marte, le Putois, le Furet, la Belette, l'Hermine, la Loutre, la Lutride et l'Enhydre.

Le Blaireau a la tête très-allongée. Son appareil nasal se développe en grouin. Il a cinq doigts à chaque pied, car la patte est courte. Son pelage est foncé en dessous et grisâtre en dessus. Ce sont les soies de la partie supérieure qui servent à former des pinceaux. Le Blaireau grimpe fort peu. Son ongle est plus propre à fouir et peut faire cependant des blessures dangereuses, car l'animal est robuste. Sa mâchoire est armée de fortes dents. Il se tient dans un terrier qu'il creuse facilement. Cette circonstance de sa vie se trouve inscrite dans l'élongation de son corps et de sa tête, et dans la brièveté de ses pattes et de sa queue. Il présente une particularité que nous devons d'autant plus signaler qu'elle est presque exceptionnelle : sa peau est plus épaisse en dessous qu'en dessus. Ce fait étrange s'explique merveilleusement par l'utilité même qu'il en retire. En effet, il est d'abord très-circonspect, et sa patte lui refusant la vitesse, il s'éloigne peu du logis. Mais, s'il est obligé de se défendre, il se met alors sur le dos et trouve ainsi deux avantages, car il peut disposer à la fois de ses ongles et de ses dents, et ne présente au danger que la partie du corps qui est la mieux protégée.

Le Mydas, sous un volume plus petit, répète en tout le Blaireau, mais sa tuberculeuse est un peu moins prédominante. Une bande blanche lui parcourt la tête et le dos. Il présente cependant un caractère qui nous prépare à la Moufette, car il a des glandes très-odorantes. Il a, pour patrie, l'île de Java.

Le Ratel a les dents plus aiguisées. Son pelage couché, rude et rare, est noir en dessous, blanc en dessus. Il habite les pays chauds. Il recherche les ruches avec une infatigable activité.

Le Glouton est moins plantigrade que les précédents, car son talon est velu, et par conséquent n'appuie pas sur le sol. Ses ongles très-aigus, très-acérés, sont déjà de véritables griffes. Il nous intéresse sous trois rapports : il marque la transition vers les Martes, n'habite plus un terrier et présente une fourrure très-fine. Il garde ses ongles pour combattre et pour grimper, car il est essentiellement chasseur. Il surprend avec adresse les petits animaux. Toutefois il attaque, au besoin, de volumineux ruminants, comme le Renne et même l'Élan, qui a la taille d'un cheval. Cette circonstance semble choquer la loi de proportion que Dieu a si bien établie entre l'animal et la proie dont il se nourrit. Mais on reconnaît bientôt que, dans cette chasse extraordinaire, le Glouton n'attaque l'Élan, ou le Renne, que pour en prendre sa part. Ajoutons d'ailleurs que, dans les pays glacés qu'il habite, ces occasions splendides s'offrant à lui très-rarement, il est forcé de manger pour plusieurs jours. Sa manière de réduire l'Élan est fort curieuse. Il se perche sur un arbre et s'y tient en embuscade. Lorsque l'Élan passe sous la branche avec son étonnante vitesse, le Glouton se jette aussitôt dans l'enfourchure des bois énormes que ce grand cerf porte sur la tête ; et là, parfaitement abrité contre les efforts de l'Élan qui l'emporte, il lui déchire les yeux et le cou. Quand son appétit est satisfait, il abandonne l'animal abattu, et l'Ours, ou bien le Loup, vient manger à son tour cette proie qu'il n'aurait pu atteindre. Ainsi le Glouton ne paraît sortir de la loi d'harmonie que pour compenser d'avance, pour lui-même, les jours de diète et pour rendre ensuite un éminent service à d'autres carnassiers. Il habite les régions polaires de l'Asie et de l'Amérique.

Le Huron a le corps plus vermiforme, la queue longue et les ongles très-comprimés. Son système dentaire est aussi un peu plus carnassier. Par ses mœurs, il ne dément pas le caractère indiqué par ses griffes et par ses dents. Il grimpe très-bien sur les arbres. Il a, pour patrie, l'Amérique méridionale.

La Moufette, ainsi appelée à cause de son odeur méphytique, nous fait entrer dans les Mustéliens digitigrades. Son pied devient déjà long et étroit.

Son système dentaire est mixte. La tuberculeuse est très-grande, mais la carnassière est très-tranchante ; de telle sorte qu'aucune des deux, ici, n'est sacrifiée à l'autre. Elle déniche les oiseaux et se nourrit aussi de fruits. Le noir et le blanc se partagent sa vestiture. Toutefois, le noir prédomine en dessous comme en dessus. Elle relève en panache sa queue touffue.

La Moufette est Américaine. On la repousse partout, parce que son épouvantable odeur la rend très-incommode. Mais les émanations odorantes sont fort utiles dans ces animaux nocturnes pour se reconnaître entr'eux.

Le Zorille est aussi très-odorant; mais sa carnassière est plus développée et sa tuberculeuse est très-petite. Il est noir en dessous, rayé de blanc et de noir en dessus. Il a pour patrie l'Afrique. Son pied s'est encore allongé, de sorte que la seule modification qui puisse maintenant s'ajouter pour rendre complète la caractéristique de l'animal carnivore, c'est que l'ongle devenant à la fois aigu, recourbé et tranchant, constitue une véritable griffe.

Cette griffe se présente dans la Marte, dont l'instinct est, en effet, plus carnassier.

La Marte a le corps très-allongé et très-maigre, la tête petite et très-courte. Chaque patte est armée de griffes à demi-rétractiles, c'est-à-dire que, pour le repos, elles rentrent dans une sorte de gaîne et ne font saillie que par la pointe. La Marte a le pied long, le talon ne touche plus le sol. Elle est très-avide de sang et ne subit que difficilement le régime végétal.

Il importe de remarquer ici, pour se dégager de toute confusion, que la Marte, la Fouine et la Zibeline sont de simples variétés et non des Mustéliens d'un genre différent. Elles se ressemblent par leur système dentaire et par leur système digital. Elles se ressemblent encore par leur pelage d'un brun fauve et par leur oreille blanchâtre. Seulement, le dessous du cou est jaune dans la Marte, blanc dans la Fouine, grisâtre dans la Zibeline. Pour le commerce des fourrures, une différence plus importante les distingue. La nature du pelage étant toujours en relation parfaite avec le climat, la fourrure de la Fouine est peu estimée, celle de la Marte est plus ou moins belle, et celle de la Zibeline est tout à fait supérieure ; car la Fouine habite le Midi de l'Europe, la Marte s'avance plus ou moins dans l'Europe septentrionale, et la Zibeline ne se tient que dans les régions les plus froides de l'Europe et de l'Asie.

A Paris, la Fouine et la Marte se rencontrent, parce que la latitude est moyenne ; mais, à mesure qu'on marche vers le sud, la Fouine prédomine et se trouve seule ; comme aussi, à mesure qu'on marche vers le Nord, la Fouine est de plus en plus remplacée par la Marte, qui reste seule à son tour, et la Zibeline commence où la Marte cesse.

La fourrure d'une Fouine ne vaut guère que 4 francs, tandis que celle de la Zibeline s'élève à plus de 100. La fourrure de la Marte a une valeur intermédiaire, qui varie et qui s'accroît à mesure qu'on se rapproche de plus en plus des climats glacés. Pour la Zibeline elle-même, le vêtement d'hiver est plus précieux que celui d'été. C'est donc dans la saison la plus rigoureuse que la chasse à la Zibeline doit être faite ; et, comme il faut alors pénétrer dans les contrées glaciales, le chasseur éprouverait l'impossibilité de se nourrir, ainsi que son cheval, s'il ne profitait des provisions accumulées par le Lagomys, petit rongeur économe et prévoyant dont nous aurons plus tard à décrire les mœurs.

Nous ajouterons enfin une différence que la Fouine présente dans ses habitudes. Tandis que la Marte et la Zibeline, solitaires et sauvages, n'attaquent jamais les animaux domestiques, la Fouine, au contraire, se tient près des habitations rurales et vit aux dépens de nos basses-cours. Ses formes effilées lui permettent de s'y glisser par les ouvertures les plus étroites.

Le Putois, ainsi appelé à cause de son odeur forte et tenace, est un peu plus carnassier que la Marte, ce que nous annonce son système dentaire où nous voyons une fausse tuberculeuse de moins.

Cette petite modification dentaire permet le raccourcissement du museau, qui est lui-même l'indice d'une carnivorité plus absolue.

Comme la Marte, le Putois présente trois variétés : le Putois proprement dit, la Belette et l'Hermine. Du reste, les Putois, comme les Martes, sont nocturnes. Leurs mœurs sont à peu près les mêmes, ainsi que leur distribution géographique. Seulement, le Putois s'avance beaucoup plus vers le Sud et même jusqu'en Afrique où la Marte ne se montre pas ; comme aussi, il s'étend beaucoup moins vers le Nord. Il en résulte que sa fourrure est moins abondante et moins fine.

Le Putois proprement dit a le pelage brun, les flancs jaunâtres, le tour de la bouche très-blanc et la queue noire. Sa langue est hérissée de papilles cornées, ce qui nous prépare à l'un des caractères harmoniques du Chat. Dès le crépuscule, il rôde autour des basses-cours qu'il ravage. Il habite l'Europe tempérée.

La Belette est le plus petit des carnivores. Son pelage est plus ou moins blanc. Elle semble répéter plus particulièrement les mœurs de la Fouine, dont elle est compatriote. Mais elle est encore plus dangereuse pour les basses-cours, parce que la souplesse et la gracilité de son corps lui rendent plus faciles les moyens de s'insinuer jusque dans les pigeonniers.

L'Hermine, à son tour, semble répéter la Zibeline. Elle se tient dans les lieux retirés, loin du bruit, sous les climats rigoureux du nord de l'Europe et de l'Asie. Elle est fort remarquable par le changement périodique de son pelage qui se coordonne toujours selon la saison. En été, l'Hermine est fauve en dessus et jaune soufré en dessous; tandis que, l'hiver, elle est complètement blanche. Dans l'automne, sa couleur marche graduellement du fauve au blanc, et, dans le printemps, elle revient par degrés du blanc au fauve. Mais, durant toute l'année, la queue se termine par un pinceau noir. Sa fourrure est fort inférieure à celle de la Zibeline et même de la Marte proprement dite. Le prix s'en élève ou s'abaisse selon le caprice de la mode. Elle plaît surtout par sa couleur blanche, et c'est ce qui rend la fraude facile, car une fourrure blanche a l'inconvénient de pouvoir être imitée par un grand nombre d'espèces albines, qui appartiennent à des genres bien différents.

Quant au Furet, nous ne le connaissons pas à l'état sauvage, soit que nous ignorions encore sa patrie naturelle, soit que, dérivant des Putois, il ait été seulement modifié par la domesticité. On dit qu'il est assez commun en Espagne où les Maures, venus d'Afrique, l'auraient sans doute amené. Ce petit Mustélien, d'un roux pâle, est très-svelte et très-fin. On le dresse à forcer les lapins dans leur terrier; mais il faut avoir soin de le museler, car il est très-avide de sang, et s'engourdit quand il en est saturé. Il ne s'éveille guère et ne se met en activité que pour faire sa chasse insidieuse dans les basses-cours et dans les bois.

Pour suivre la gradation rectiligne de carnivorité, nous devrions maintenant, par le Renard et par le Chien, arriver au Chat qui est, en effet, l'animal le plus carnassier. Mais, de même que les trois parties constitutives du Globe : la Terre, l'Air et l'Eau, sont liées par d'intimes rapports, il fallait, par une harmonie correspondante, que, dans la série zoologique, les animaux terrestres fussent étroitement liés aux animaux aquatiques comme aux animaux aériens. (1)

(1) Dans notre livre des *Harmonies de la Nature*, nous reprendrons cette magnifique question sous le titre de *Distribution harmonique des animaux*.

Or, c'est ici que se placent la Loutre, la Lutride et l'Enhydre, qui se détachent latéralement des Mustéliens, pour marcher du genre Putois au genre Phoque.

La Loutre, la Lutride et l'Enhydre ont pour caractères communs : un corps plus volumineux et plus long, des pattes plus larges et plus courtes, des dents plus propres à triturer qu'à couper, la tête aplatie, la queue déprimée en rame, l'œil plus grand, le museau plus obtus. Leur langue est douce et leurs lèvres sont bordées de fortes moustaches. Ainsi que l'annonce l'ensemble de leur organisation, ils sont nocturnes, chassent dans l'eau et se nourrissent de poissons. Ils nagent avec une extrême facilité; mais la palmature, comme la piscivorité, croît successivement de la Loutre à l'Enhydre.

La Loutre, moins aquatique, est aussi moins volumineuse, car le volume s'amplifie à mesure que l'animal est plus aquatique. Ses membres très-courts ne lui permettent de marcher que difficilement sur le sol. Sa queue à demi cylindrique est fourrée. Sa couleur, généralement brunâtre, varie toutefois selon les climats. Sa fourrure devient assez belle dans les régions glacées; mais les casquettes, dites de loutre dans le commerce, proviennent de la dépouille d'un autre Pilifère bien différent. La Loutre habite les étangs et les rivières de toute l'Europe. Elle s'écarte peu de l'eau et fait son gîte dans la fente d'un rocher, dans la cavité d'un arbre. Elle est d'un naturel assez doux, mais il faut toute la patience des Indiens pour l'apprivoiser et surtout pour la dresser à chasser dans l'eau, comme le Chien chasse sur le sol.

La Lutride, dite Saricovienne, exagère les proportions de la Loutre. Elle a le corps plus allongé, les membres plus courts et plus palmés. Son pelage, ras et dur, est d'un beau fauve, un peu plus clair sur la tête et sur le cou, avec l'extrémité du museau et le bas du cou d'un blanc jaunâtre. Elle est plus piscivore que la Loutre. Elle habite les fleuves et les lacs de l'Amérique méridionale et surtout du Brésil. Ses mœurs sont peu connues.

L'Enhydre a des formes encore plus volumineuses. Ses conditions aquatiques sont plus prononcées, comme l'exprime son nom qui signifie vivant dans l'eau. Ses pattes sont si courtes qu'elle ne peut marcher et que son corps, long de plus d'un mètre, traîne sur le sol. La patte de derrière, largement palmée, se dispose en rame puissante ainsi que sa queue, qui est assez courte. Sa couleur générale est d'un noir lustré, comme nous le voyons dans le seul individu que possède le Muséum d'Histoire Naturelle. Mais, dans le pelage d'hiver, la tête et le bas du cou, le dessous du corps et les gants antérieurs sont d'un gris brunâtre argenté. Elle se tient loin des eaux douces et sur les rivages de la mer, au Kamstchatka, aux îles Aleutiennes, et vers le nord de l'Amérique septentrionale. Sa fourrure épaisse et douce est d'un moelleux et d'un éclat qui la place fort au-dessus de toutes les autres.

La dépouille d'une seule Enhydre s'élève à plusieurs milliers de francs. Les Russes, les Anglais et les Américains en font un commerce très-lucratif avec la Chine et le Japon, où cette fourrure est fort recherchée par les personnages les plus éminents. Cook, Lapeyrouse et d'autres navigateurs célèbres nous ont donné quelques détails sur ce Pilifère remarquable, mais la biologie en est incomplète, et l'on conçoit qu'il en doit être ainsi d'un animal difficile à surprendre, plus difficile encore à observer dans les régions inaccessibles qu'il habite. Reprenons seulement une particularité de sa formule dentaire qui présente quatre incisives au lieu de six à la mâchoire inférieure. L'Enhydre se rapproche ainsi du Phoque dont elle a presque le genre de vie. Cette similitude n'avait pas échappé à l'admirable sagacité de Linné.

TRIBU DES VIVERRIENS.

La tribu des Mustéliens nous a fait marcher de l'Ours au Chat, par des transitions parfaitement graduées. Mais, à défaut de cette tribu, celle des Viverriens nous offrirait une autre voie tracée tout aussi fortement, bien que les pas en soient un peu plus distancés. On peut dire, en effet, qu'ici la série se double, s'entrelace et se fortifie, pour former un nœud au premier point de contact entre les Pilifères terrestres et les Pilifères aquatiques.

Le système dentaire des Viverriens est, en général, plus aiguisé que celui des Mustéliens. Il y a une tuberculeuse de moins à la mâchoire inférieure. Ils sont aussi un peu plus digitigrades. Cette tribu comprend les trois ordres : Mangouste, Civette et Genette, qui semblent répéter, jusque dans leurs glandes odorantes, la tribu des Mustéliens.

La Mangouste a la taille moyenne, le corps allongé, la patte assez courte, les cinq doigts armés d'ongles aigus et demi-rétractiles. La tête est petite, le museau fin, le pouce très-court. La carnassière est fort élargie, la langue est hérissée de papilles cornées. La queue, volumineuse, longue et fourrée, se termine par un pinceau noir. Le pelage est assez dur et tiqueté. La Mangouste est l'analogue de la Fouine. Elle diffère de la Civette par la direction horizontale de sa pupille. Son corps est plus vermiforme, ses orbites sont plus petits. Elle habite les contrées chaudes de l'Ancien Continent. Sa démarche est très-circonspecte, elle observe à chaque pas, s'arrête et rétrograde au moindre bruit. Comme elle chasse aux souris, on l'admet dans les maisons où elle remplit les offices du Chat.

La Mangouste africaine était adorée en Egypte. On supposait qu'elle pénétrait dans la gueule du Crocodile endormi, pour lui manger les entrailles. La Mangouste est, en effet, un destructeur de Crocodiles, mais elle n'en mange que les œufs qu'elle recherche activement dans la vase ou dans le sable. Elle se plaît dans les petits canaux qui sillonnent l'Egypte pour y distribuer les eaux du Nil. On lui donnait dans le pays le nom de rat de Pharaon.

L'Inde possède une Mangouste plus petite mais fort utile, car elle attaque courageusement les serpents venimeux.

Trois particularités individuelles signalent, près de la Mangouste, le Suricate, l'Elure et le Cynogale. Le Suricate n'a que quatre doigts à chaque patte, caractère presque exceptionnel chez les Carnassiers. Ses doigts sont longs et armés d'ongles aigus. Parfait grimpeur, il a, pour patrie, le cap de Bonne-Espérance. L'Elure, qui habite la chaîne de l'Himalaya, a le pelage plus foncé en dessous qu'en dessus, circonstance fort rare dans les animaux. Le Cynogale a la patte demi-palmée. Il est, dans les Viverriens, ce qu'est la Loutre dans les Mustéliens. Ce correspondant a manqué longtemps dans la science. Il habite la péninsule de Malacca, les îles de Sumatra et de Bornéo.

La Civette a le museau plus allongé et garni de moustaches longues et fortes. Ses carnassières ne sont pas très-tranchantes. Sa pupille est arrondie. Ses doigts sont courts et terminés par des ongles obtus. Ses papilles linguales sont plus aiguës que dans la Mangouste. Sa vestiture grise est parcourue transversalement par des bandes foncées; une sorte de crinière érectile s'étend depuis le cou jusqu'à la queue. Elle habite les contrées les plus chaudes de l'Afrique. Ses glandes odorifères produisent une graisse dont l'odeur fort tenace et musquée persiste jusque dans les squelettes de nos collections. Sa vie n'est qu'une alternative de somnolence et de colère. Son caractère farouche ne permet pas de la rendre domestique. Mais on la tient en captivité, surtout dans l'Abyssinie, pour recueillir la pommade, autrefois très-recherchée des parfumeurs. L'Inde présente une espèce de Civette, appelée Zibeth, qui n'a pas de crinière dorsale.

La Genette a la pupille verticale, ce qui annonce des habitudes plus nocturnes. Ses ongles sont aussi rétractiles que ceux du Chat. Sa queue longue est annelée de noir. Elle vit le long des ruisseaux, et on lui fait la chasse pour s'emparer de sa dépouille. Elle a donné son nom au premier Ordre de chevalerie, institué par Charles-Martel en mémoire de son triomphe sur les Sarrasins. La Genette nous intéresse par sa distribution géographique. Elle est encore un témoignage vivant de l'ancienne jonction de l'Europe avec l'Afrique. Déjà, le Magot nous en avait fourni une preuve. Mais la Genette s'est beaucoup plus avancée dans le cœur de l'Europe, et notamment, elle est fort commune dans le département de la Gironde.

TRIBU DES CANIENS.

L'allongement de la patte et du museau caractérise la tribu des Caniens; il en résulte naturellement que leur patte acquiert la vitesse et que leur mâchoire est armée d'un plus grand nombre de dents.

Nous connaissons déjà des animaux sauteurs, grimpeurs, nageurs. Nous trouvons ici le premier animal coureur. Et comme la longueur de la patte exprime et mesure le degré de la vitesse, il est utile de constater que, non-seulement les os propres de la patte se sont allongés, mais encore que le talon et la plante s'étant relevés, une grande partie du pied se convertit ainsi en élément de la jambe et en augmente la hauteur. Mais un autre principe, celui du balancement des organes, veut que l'exagération de la patte soit toujours compensée par la réduction des doigts. Aussi n'y en a-t-il plus que quatre qui posent sur le sol, et c'est le pouce qui est plus ou moins frappé d'atrophie. Il est indiqué seulement par un ongle à la patte antérieure et manque complètement à la patte postérieure. On comprend même que l'ongle, qui représente le pouce en avant, puisse manquer dans la série des Caniens.

L'allongement du museau entraîne deux conséquences qu'il est facile de prévoir. Car l'appareil nasal considérablement développé, détermine un odorat très-intense, et le système dentaire trouvant à son tour plus d'emplacement pour se mettre à l'aise a, pour formule normale, 42 dents. Ce système dentaire nous annonce que les Caniens sont plus ou moins omnivores, et c'est le Chien surtout qui porte le mieux ce caractère d'omnivorité, non point parce que ses dents auraient chacune une forme mixte, mais parce que les unes sont parfaites pour la nourriture animale, et les autres parfaites pour le régime végétal.

L'œil des Caniens exprime qu'ils sont, en général, plus crépusculaires que diurnes. Aussi l'oreille est-elle toujours assez longue. La queue, variable par le volume, est toujours assez développée.

Mais si nous avons signalé le Chien comme type de la tribu, parce qu'il en exprime le mieux les caractères essentiels, cependant c'est le Renard qui vient se placer en tête des Caniens pour les relier à la fois aux deux tribus des Mustéliens et des Viverriens.

Le Fennec est un petit Renard remarquable et par l'amplitude extrême de son oreille et par la couleur isabelline (gris blanchâtre) de sa robe. Ces deux caractères se retrouvent souvent dans les animaux africains. Le Fennec habite les déserts de l'Afrique septentrionale. Il fut introduit dans la science sous le nom d'Anonyme, par Buffon lui-même, qui ne savait comment le désigner, parce qu'il ne lui connaissait de rapport immédiat avec aucun autre animal.

Le Renard proprement dit a le pelage roux avec du noir derrière l'oreille. Sa patte est moins longue que celle du Chien, ce qui diminue sa vitesse, mais lui permet de pénétrer dans les basses-cours et de grimper. La partie crânière est proportionnellement plus développée dans le Renard que dans le Chien, par conséquent la mâchoire l'est un peu moins. Il en résulte que si le Chien a plus de force, le Renard a, par compensation, plus de ruse. Nous avons trouvé une compensation analogue, lorsque, dans la famille des Simidés, nous avons comparé les petites espèces de Singes aux grandes espèces. Le Renard a la taille plus petite que le Chien, l'œil plus nocturne, l'oreille plus longue, le pelage plus touffu, le museau plus aigu, l'ongle plus comprimé. Toutes ces concordances expriment nettement qu'il est éminemment crépusculaire, et qu'il rappelle quelques traits des Mustéliens tout en présentant les caractères prédominants des Caniens. Sa fourrure a quelque prix, lorsqu'elle provient des régions froides. En général, elle retient une odeur musquée qui la rend d'un emploi difficile pour la toilette, mais on peut en faire de riches tapis de pieds. Le Renard, quand il doit vivre dans les pays populeux et par conséquent aux dépens de l'homme, c'est-à-dire dans des conditions fort difficiles, y supplée par son instinct. Il étudie patiemment les habitudes de la ferme qu'il veut surprendre ; puis, dans une nuit tranquille, favorisé par les rayons affaiblis de la Lune, il escalade la muraille qui le sépare de la basse-cour, et, après avoir bien examiné si tout repose au logis, il se glisse de préférence dans le poulailler ; il étrangle d'abord le coq dont les clameurs pourraient donner l'alarme, il immole ensuite les poules et les poussins qu'il emporte, un à un, dans une cachette lointaine et ignorée. Il semble avoir calculé que les occasions heureuses étant rares, il doit faire ainsi des provisions pour les mauvais jours.

Dans les pays où la culture ne s'est pas emparée de tout le sol, le Renard se nourrit principalement de lièvres et de lapins, sans dédaigner toutefois de grimper sur les arbres pour dénicher de petits oiseaux ou pour manger leurs œufs. S'il attaque parfois nos volières et nos parcs, il compense ses larcins en détruisant les mulots qui menacent nos moissons. Quand la vieillesse vient affaiblir sa vue et son ouïe, et alourdir sa patte, le Renard se rabat sur le Porc-Épic, et, pour le réduire, il use d'une méthode singulière dont nous parlerons plus à propos dans la biologie même du Porc-Épic.

Le Renard noir vient de l'Amérique du Nord. Sa fourrure est souvent fort estimée.

L'Isatis, improprement appelé Renard bleu, n'est pas un renard, et il n'est pas bleu. Comme l'Hermine, il est blanc, l'hiver, et d'un brun grisâtre, l'été, mais toujours vêtu chaudement. C'est un anneau de transition plus étroit entre le Renard et le Chien.

L'anatomie la plus minutieuse ne trouve aucune différence entre le Chien, le Loup et le Chacal. Leur biologie ne diffère que parce que le Chien est entré depuis longtemps dans la vie domestique, et que le Loup, comme le Chacal, est resté complètement dans l'état sauvage. Ils n'ont entr'eux aucune ligne de démarcation, tandis que des caractères communs les relient intimement. Leur pelage est d'un fauve plus ou moins grisâtre. Leur œil est diurne, leur oreille est assez longue et assez mobile, leur queue s'agite dans la joie et s'abaisse dans la frayeur. Tous les trois ont même système dentaire et même formule digitale, et présentent plus ou moins le germe de la sociabilité. Le Loup, chez les peuples restés à l'état primitif, est encore sociable ; il n'est féroce qu'en présence de l'homme civilisé qui partout le traque et le poursuit. Les chasseurs, en détruisant le gibier qui doit le nourrir, exaspèrent sa faim. Et les inquiétudes mortelles que la Louve éprouve pour ses petits, la rendent redoutable assurément. Mais lorsque ces animaux sont placés dans des conditions favorables, ils témoignent la même affection et le même dévouement que le Chien.

Le Chacal est plus sociable que le Loup, et toutefois, il reste, sous ce rapport, fort au-dessous du Chien.

L'influence séculaire de l'homme a pu produire cette différence profonde qui sépare aujourd'hui le Chien du Loup et du Chacal ; car, sur le Chien lui-même, elle a créé des variétés qui, entre elles, sont encore plus différentes. En effet, le Mâtin, par exemple, est certainement plus près du Loup qu'il ne l'est de la Levrette. D'ailleurs, il nous est facile de revenir du Chien au Loup par les espèces qui ont moins éprouvé l'action de la domesticité. Ainsi, le Chien de la Nouvelle-Hollande, qui n'a fait qu'un pas dans la vie domestique, a toutes les apparences du Loup ; et le Chien le plus civilisé ne tarde pas à les reprendre lorsqu'il redevient sauvage. Nous en trouvons la preuve dans les différentes espèces de Chiens qui, transportés d'Europe, se sont répandus dans les pampas de l'Amérique.

On comprend que la science se soit posé la question de savoir si toutes les variétés du Chien ne descendraient pas, les unes du Loup, les autres du Chacal. On supprimerait ainsi l'origine individuelle du Chien. Sans contester la possibilité de cette double dérivation, pour plusieurs de ces races, nous pensons que le Chien a son type primitif comme le Loup et comme le Chacal. La Géologie qui, dans l'Histoire naturelle, est venue remplir tant de vides, nous révèle, à l'état fossile, ce type primitif, qui a été l'origine de la totalité, ou du moins de la plupart des variétés nombreuses que présente le Chien.

On peut d'abord s'étonner que l'animal domestique par excellence appartienne à l'Ordre des Carnassiers. Mais on reconnaît bientôt que, pour être un auxiliaire puissant, cet animal devait être naturellement agressif et armé, afin que, dans l'exercice de sa souveraineté, l'homme, en utilisant ces qualités essentielles, pût atteindre et soumettre tous les animaux. Et cette destination du Chien était tellement arrêtée dans les plans du Créateur, qu'il importe de faire ici une remarque. La douceur et même les qualités affectives se manifestent dans plusieurs animaux; mais, parmi les Carnassiers, les Caniens sont les seuls qui soient sociables. Et tandis que l'Ours lui-même est solitaire comme le

Lion, les Caniens au contraire, font la chasse en commun et combinent leurs efforts et leurs ruses pour vaincre par un mutuel concours la proie qu'ils ne pourraient réduire, s'ils agissaient isolément. Par exemple, lorsque le Loup, le Chacal ou le Chien redevenu sauvage, veulent s'emparer d'un Cheval, les vedettes sont établies et les postes distribués pour que le Cheval ne puisse trouver dans sa vitesse une sauvegarde. Dès que toutes les issues sont fortement occupées, l'un des Caniens se détache de la bande et se précipite sur la proie qui nécessairement tombe dans le piége et succombe sous le nombre des assaillants. Il est vrai que souvent, au moment du partage, les appétits se choquent et la querelle s'engage, sanglante, au profit des plus forts. Mais à la première occasion, l'associé, qui n'a peut-être retiré de sa chasse qu'un coup de dent, reprend son rôle avec la même ardeur, parce que telle est la loi de son instinct.

Mais il ne suffisait pas que le Chien aimât le combat et fût armé pour la lutte, il fallait encore d'autres conditions que lui seul réunit. Primitivement, il ne les portait qu'en germe comme les autres Caniens, mais la domesticité les a développées en lui merveilleusement.

L'aboiement lui-même n'est pas plus naturel au Chien qu'au Loup et au Chacal; car c'est une voix acquise, c'est un langage appris que le Chien ne tarde pas à perdre quand il reprend la vie sauvage, et que le Chacal et le Loup acquièrent bien vite, lorsqu'ils demeurent sous l'action de l'homme. Le Chien de la Nouvelle-Hollande, qui est resté si près de l'état sauvage, ne sait pas encore aboyer. Et ce qu'il faut signaler ici comme une harmonie admirable, c'est que la tenue de l'oreille accompagne la modification de la voix. Ainsi le Chien de la Nouvelle-Hollande, qui hurle comme le Loup et comme le Chacal, porte, comme eux, l'oreille droite, tandis que le Chien le plus avancé dans la vie domestique, a l'oreille pendante. En effet, la domesticité produit l'amollissement de la conque auditive, ce qui rend l'oreille plus ou moins inclinée. Il semble que, par cette tenue singulière, l'oreille se montre plus subordonnée, plus soumise, tandis que, relevée, elle semble exprimer l'indépendance.

Sous le rapport de la taille, le Chien est intermédiaire entre le Loup et le Chacal : il est plus grand que le Chacal et plus petit que le Loup. Il a donc une vitesse inférieure à celle du Loup et supérieure à celle du Chacal. Leurs ongles s'émoussent par la marche, mais celui du pouce s'use moins, parce qu'il est placé trop haut pour toucher le sol.

Les variétés du Chien, d'abord fort restreintes, se sont accrues successivement. Chez les Grecs, on n'en connaissait encore que trois; aujourd'hui, la multiplicité en est presque indéfinie. Il est des variétés qui s'effacent de plus en plus, comme celle du Carlin; il en est, au contraire, qui apparaissent, comme celle du Boule-Dogue. Du temps d'Aristote, il n'y avait pas encore d'espèce à oreille pendante; car ce grand naturaliste n'en parle point.

Quoi qu'il en soit, on peut diviser les Chiens en trois groupes principaux. Dans les uns, il n'y a prédominance ni du cerveau ni de la mâchoire, tandis que, dans les autres, c'est ou le crâne, ou le museau, qui prédomine : ce qui revient à dire que, dans le premier groupe, l'instinct et la force se balancent ; dans le second, l'instinct est plus développé que la force ; et, dans le troisième, la force l'emporte sur l'instinct.

Le Chien réunit les qualités les mieux assorties pour être le premier des animaux domestiques. Et d'abord, il est facile à nourrir, car il accepte volontiers la chair corrompue et digère fort bien les os les plus durs. Son aptitude à supporter les climats les plus extrêmes, lui permet de suivre l'homme dans toutes les parties du Globe. Mais sa vestiture se modifie toujours d'après cette loi générale qui veut que l'animal soit plus ou moins fourré, selon la température du pays qu'il habite. Le Chien met au service de l'homme sa force, sa vitesse, ses armes et son courage. Non-seulement il dépose, dans la domesticité, cet amour de l'indépendance qui est si profond dans les animaux supérieurs, mais encore il aime la servitude. Les mauvais traitements, au lieu d'atténuer son zéle, semblent au contraire le surexciter ; et l'on peut dire que, pour le Chien seul peut-être, pardonner l'outrage, c'est l'oublier. Son instinct élevé lui permet de comprendre son maître, dont il sait interroger les moindres mouvements et deviner presque tous les ordres.

Il s'attache au pauvre comme au riche, et le caniche qui souffre auprès de l'indigent, n'envie point le sort de l'épagneul qui passe mollement étendu sur les coussins d'un somptueux équipage. Son affection semble s'accroître avec l'infortune, et c'est avec une entière abnégation que, même pour un maître ingrat, il fait le sacrifice de sa vie.

Les qualités affectueuses du Chien avaient été si bien comprises par l'antiquité, que son nom, opposé toujours à celui d'animal féroce, signifie, en Hébreu, *cœur;* en Chaldéen, affectueux; en Grec, *caressant.*

Chaque variété du Chien semble avoir un rôle spécial. Le Mâtin garde le logis, pendant que le Chien de berger conduit et gouverne le troupeau. Le Lévrier force le Lièvre à la course, et le Chien d'arrêt l'enchaîne au repos sous le regard du chasseur. Le Caniche dirige et console l'aveugle. Le Chien de Terre-Neuve s'élance dans les flots pour sauver les noyés, et le Chien des Alpes pénètre dans les neiges pour en dégager le voyageur. Et tandis que le Chien du Kamtschatka tire avec ardeur le traîneau du laborieux Kamtschadale, le Grand-Danois accompagne fièrement le carrosse de l'homme de loisir (1).

Le Loup est plus vigoureux que le Chien. En pré-

(1) Nous nous reprocherions de ne pas donner, sur le Chien, plus de détails, si nous ne lui avions consacré un chapitre spécial dans notre livre intitulé : *Histoire Naturelle dans ses applications géographiques, historiques et industrielles,* ouvrage recommandé deux fois par l'Université.

sence de la société actuelle, il ne peut être que ce qu'il est, car il ne sait où reposer sa tête ni sauvegarder ses petits. Son inquiétude est perpétuelle, et il est presque toujours sous l'aiguillon de la faim, puisque les excursions continuelles des chasseurs l'obligent de plus en plus à se rabattre sur de simples mulots. Dans les circonstances ordinaires, il n'attaque jamais l'homme ; et alors même qu'il est exaspéré par la privation, il cherche à surprendre le chien ou le cheval du voyageur égaré. Du reste, ce respect pour l'homme se retrouve dans tous les animaux.

Réduit à n'avoir d'autre précepteur que le besoin, le Loup traduit souvent, dans ses actes, un instinct fort remarquable. Faut-il, pour apaiser sa faim, qu'il s'empare d'un petit chien abrité dans une ferme : il s'approche en rampant, s'arrête à chaque pas, agite la queue, se roule sur le sol, et tout en surveillant l'horizon pour s'assurer qu'il n'est pas lui-même menacé, il provoque au jeu le jeune chien, qui est bientôt séduit par ses perfides courtoisies. L'hypocrite alors dispose ses évolutions pour l'écarter peu à peu de la ferme et, quand la distance est suffisante pour que les clameurs de la victime ne puissent plus la sauver, il la saisit avec violence et l'emporte au fond des bois. Veut-il au contraire abattre un chien assez fort pour se défendre ou qui désire même le combat, le Loup change de plan. Il s'associe deux ou trois collègues qui se cachent assez loin dans un fourré. Puis il vient s'exposer comme une proie facile aux regards du Mâtin qui, agacé par l'occasion, se précipite sur lui. Aussitôt le Loup, comme effrayé, prend son élan, et naturellement plus alerte, il ménage sa fuite pour exalter de plus en plus l'ardeur du Mâtin. Mais arrivé au point de l'embuscade, le Loup reprend l'offensive, et le Chien, assailli de toutes parts, succombe dans cette lutte inégale.

Stoïque dans la souffrance, le Loup meurt sans se plaindre. On dirait que la mort n'est pour lui que le terme de la douleur. Ses qualités affectueuses se sont manifestées souvent d'une manière fort remarquable (1). Il a suffi pour cela que le Loup fût placé dans les circonstances convenables.

Terminons par l'Hyène et le Protèle, genres intimement liés par de nombreux rapports.

L'Hyène a, pour caractères principaux, la prédominance de sa patte antérieure et la forme émoussée de ses dents. Ce sont deux conditions défavorables pour un animal carnassier, car elles lui font perdre l'agilité et affaiblissent ses armes. L'ongle est grossier et ne peut donc compenser le système dentaire. Toutes ces exceptions apparentes dans la patte, les ongles et les dents, annoncent ici des mœurs particulières. En effet, l'Hyène n'est plus un animal chasseur, elle se nourrit de proie morte. Par conséquent, des mouvements agiles et des dents aiguisées

(1) Dans notre livre des *Animaux Célèbres*, nous citerons des faits que le Chien lui-même n'a pas dépassés.

ne lui étaient pas nécessaires. Mais ses ongles robustes lui permettent de fouiller la terre pour déterrer des cadavres. Et nous comprenons qu'elle doit avoir des habitudes plus crépusculaires que la plupart des Caniens, puisqu'elle est privée de vitesse et surtout mal armée. L'ampleur de l'oreille indique nettement cette circonstance biologique. C'est l'odorat qui guide l'Hyène dans ses investigations nocturnes. Elle n'est point à redouter, quoique son aspect soit sinistre. Elle est, au contraire, très-utile dans les contrées chaudes qui sont sa patrie exclusive ; car elle sert, dans les villes, à l'enlèvement des immondices. Elle abonde au Caire et au Cap ; elle y tient les rues nettes et rend ainsi de grands services. L'Hyène est intermédiaire entre les Caniens et les Féliens, mais elle est plus près du Chat que du Chien. La faim peut la jeter en dehors de ses habitudes naturelles et la pousser alors sur une proie vivante. Sa patte antérieure est tellement destinée à fouir le sol, qu'elle ne porte que quatre doigts. Sa mâchoire est d'une force extraordinaire, de telle sorte qu'il est difficile d'en dégager l'objet qu'elle a saisi. L'Hyène se distingue en trois espèces qui sont : l'Hyène rayée et à crinière; l'Hyène tachetée et l'Hyène brune. Elles appartiennent toutes à l'Ancien Continent.

Le Protèle a tout l'extérieur de l'Hyène ; mais il reprend la formule digitale des Caniens, c'est-à-dire quatre doigts seulement à la patte de derrière, mais cinq à celle de devant. Il est plus petit que l'Hyène, plus nocturne et même terrier. Son oreille est grande. Les naturalistes, en le recevant d'Afrique, ont été fort étonnés de ne trouver à sa mâchoire ni tuberculeuses ni carnassières. Son système dentaire se compose de six incisives et de petites fausses molaires. Les mœurs du Protèle le placent très-près de l'Hyène. La distance qui semble les séparer est encore diminuée par un fait qu'il importe de remarquer. L'Hyène ne mâche pas, elle avale gloutonnement. Le Protèle agit de même. Les dents carnassières, comme les dents tuberculeuses, lui étaient donc inutiles. Il vit de substances animales ramollies par la putréfaction, mais il recherche avec une préférence avide la graisse demi-liquide qui s'amasse comme une loupe énorme à la queue de certains moutons africains.

TRIBU DES FÉLIENS.

La tribu des Féliens est essentiellement carnivore. Cette carnivorité exclusive est exprimée d'abord dans la mâchoire et dans la patte. Mais elle trouve ensuite son complément, et même son perfectionnement, dans les autres conditions secondaires qui se coordonnent si bien avec la forme des dents et des griffes.

La tête est ronde, le museau est court ainsi que la patte; d'où il est facile de conclure que l'animal a le cerveau avantageusement développé et qu'il est armé d'une force considérable dans la mâchoire comme dans la patte.

En effet, le Félien est doué d'un instinct étonnant sous le rapport de la ruse, de la patience et de la circonspection.

Les dents carnassières forment presque seules son système dentaire. Elles sont excessivement tranchantes et fortes. Leur action est d'autant plus énergique qu'elles se croisent comme des lames de ciseaux, et qu'elles sont implantées dans une mâchoire animée par des muscles puissants. Par harmonie, l'ongle est aigu, recourbé, tranchant. C'est une griffe d'autant plus redoutable qu'elle est mise en mouvement par une patte courte et par conséquent vigoureuse. Cette griffe reste toujours acérée, car, au moment du repos, elle rentre dans une sorte de gaîne dont elle ne sort que pour le combat.

La brièveté du museau, qui perfectionne l'action de la dent, doit atténuer un peu l'intensité de l'odorat. Mais les fosses nasales gagnent en largeur ce qu'elles perdent dans le sens longitudinal ; de telle sorte que, si l'odorat n'agit pas à une grande distance, il peut cependant s'exercer de près sur les émanations les plus faibles.

La brièveté de la patte doit à son tour diminuer la vitesse au profit de la force, mais l'animal n'est pas destiné précisément à poursuivre sa proie. D'ailleurs, il a le genre de vitesse qui convient le mieux à sa manière de chasser. En effet, il se tient en embuscade sur le passage de sa proie, ou bien il se glisse et s'avance lentement, afin de bondir sur elle lorsqu'il se trouve à une suffisante proximité. En se détendant ainsi comme un ressort, le Félien double sa force d'action, car la proie est étourdie et abattue avant même qu'il ait fait agir ses griffes et ses dents. La puissance du saut est toujours exprimée par la prédominance de la patte postérieure. Elle est ici singulièrement favorisée par les pelottes élastiques qui la terminent. Ces pelottes permettent encore au Félien d'avoir une marche silencieuse pour mieux surprendre sa proie, et lui donnent le privilége de ne point se blesser dans ses chutes, circonstance fort utile pour un animal qui, tour à tour, grimpe et s'élance.

Le Félien est éminemment digitigrade, car la patte n'appuie que sur une seule phalange, et cette phalange elle-même ne touche le sol que par un point modifié en coussinet.

Enfin, par la souplesse générale du corps et par l'élasticité de la colonne vertébrale et de tous les ligaments, le Félien est merveilleusement établi pour atteindre sa proie et pour la réduire.

Pour la percevoir, c'est-à-dire pour être averti de sa présence, c'est surtout sur l'ouïe que compte l'animal. En effet, l'ouïe est le sens dominateur dans le Félien. L'oreille est très-large et mobile. Elle peut donc recueillir un grand nombre de rayons sonores et se diriger vers eux pour les mieux recevoir. Sa délicatesse la rend sensible au moindre bruit, ce qui nous annonce déjà que le Félien est plutôt crépusculaire que diurne.

L'œil confirme ce premier témoignage de l'oreille. Il est volumineux ; sa pupille est ovale et tellement contractile, qu'elle devient linéaire, lorsqu'elle est soumise à une vive lumière.

Le goût dans le Félien est assez développé, quoique la langue hérissée de papilles cornées soit plus propre à faire jaillir le sang qu'à le savourer. Du reste, la mâchoire n'a qu'un mouvement vertical, et l'animal, après avoir déchiré sa proie, l'avale aussitôt.

Le toucher ne réside que dans les raides moustaches qui rayonnent des deux côtés du museau, dont le bout extrême reste toujours humide et frais.

La vestiture du Félien est assortie à l'heure de son activité. Elle devient très-fourrée, lorsqu'il habite les climats froids.

Le Guépard est un Félien par son organisation générale et par ses mœurs. Mais il retient la patte longue et par conséquent la vitesse des Caniens. Ses formes sont sveltes. Il court à la manière du Lévrier pour forcer la proie. Il est le moins armé des Féliens et, par cela même, le plus disposé à l'apprivoisement. Dans l'Inde, sa patrie, on l'emploie comme nous employons le chien de chasse. Seulement, le chasseur le porte en croupe sur son cheval, et, dès que la proie est aperçue, le Guépard, mis en liberté, s'élance à sa poursuite. Son pelage est fauve et parsemé de points noirs.

Le Lion, le Tigre et le Léopard appartiennent aussi à l'Ancien continent. Le Lion est d'un beau fauve. Le Tigre et le Léopard ont le même fond, seulement le Tigre a le corps parcouru de bandes noires, et le Léopard a la robe tachetée de rosaces plus ou moins foncées. Mais ce qui prouve que, même sous le rapport de la coloration, ces trois Féliens se tiennent étroitement, c'est que, dans le premier âge, le Lion présente à la fois et les bandes du Tigre et les rosaces du Léopard.

Quant à la crinière, elle n'est pas un caractère distinctif du Lion, car elle n'est propre qu'à celui de l'Atlas. Elle est très-peu développée dans les autres espèces africaines, et elle manque complétement dans le Lion asiatique. Ajoutons que la Lionne et le jeune Lionceau n'ont jamais de crinière.

Le Lion porte la tête droite, tandis que le Tigre et le Léopard la tiennent plus ou moins abaissée. Aussi l'aspect du Lion est-il majestueux. Celui de l'Atlas paraît plus terrible, parce que sa longue crinière est noire ainsi que le pinceau qui termine sa queue. Quand le Lion est excité, il pousse un rugissement formidable. Alors, le dos se voûte, la crinière se hérisse, les griffes et les dents se mettent à découvert, la langue frémissante dresse ses aiguilles, la queue, dans ses ondulations terribles, bat les flancs de l'animal et laisse voir l'onglet terminal qui se recourbe comme un crochet.

Sous le rapport de la distribution géographique, le Lion et le Tigre se rencontrent dans l'Inde, mais le Lion reste toujours dans les contrées chaudes, tandis que le Tigre s'avance jusque vers la Sibérie, et sa robe alors devient grise et fourrée. Si le Tigre prédomine en Asie, le Lion à son tour prédomine en Afrique, où le Tigre semble remplacé par le Léopard. Du reste, l'homme modifie la distribution géographique du Lion, car il tend à détruire ce Félien qui est grand et nuisible. L'Europe n'a plus aujourd'hui un seul Lion. Il y en avait autrefois dans la Grèce et surtout dans la Macédoine; et l'Histoire même rapporte que, dans la Thrace, des Lions attaquèrent les chevaux de Xercès.

Le Tigre a le corps plus long et plus gracieux que le Lion. Sa patte est plus basse, sa tête plus ronde, sa mâchoire plus courte. Il est réellement mieux armé que le Lion, mais celui-ci trouve une compensation dans la puissance considérable de ses muscles. Le Tigre enlève sa proie, pour qu'elle ne fasse point de traces sur le sol. Sa force est telle qu'il peut emporter ainsi des animaux plus volumineux que lui. Le Lion et le Tigre peuvent être domptés. Plus d'une fois, dans l'Inde et même à Rome, on les a vus paisiblement attelés à des chars. L'antithèse que le vulgaire établit entre le Lion et le Tigre tombe devant les faits. Le Lion n'est pas plus généreux que le Tigre, et le Tigre n'est pas plus féroce que le Lion.

Le Léopard est plus petit que le Tigre. Il n'est guère possible de le distinguer de la Panthère, car la différence dans la proportion des taches dont leur robe est parsemée, n'est pas un caractère d'une grande valeur. Cependant, nous devons dire qu'on appelle Léopard la variété qui a les taches les plus petites.

L'île de Java nous offre une variété de Panthère mélanienne, c'est-à-dire noire.

L'Amérique a deux grands Féliens : le Canguar et le Jaguar, qui représentent dans cette partie de la Terre le Lion, le Tigre et le Léopard.

Le Canguar est unicolor comme le Lion, mais sa robe est d'un fauve plus roux. Sa taille est beaucoup plus petite et son corps est plus allongé. Il a, pour patrie, l'Amérique méridionale.

Le Jaguar ou Once est une espèce élégante qui se distingue de la Panthère et du Léopard, en ce que les taches sont plus grandes et que les rangs en sont, par conséquent, moins nombreux. La queue est annelée de noir, mais les anneaux sont incomplets dans le Léopard et dans la Panthère, tandis que, dans le Jaguar, chacun des anneaux fait tout le tour de la queue.

Le Lynx est un Félien à queue très-courte. Son système dentaire est, pour ainsi dire, un peu plus carnassier, car il présente une petite fausse molaire de moins. Son oreille pointue est terminée par un pinceau qui semble lui donner encore plus de longueur. Il habite le Nord de l'Afrique. C'est le Lynx proprement dit, le Lynx des Anciens. Mais l'Europe présente d'autres espèces fort analogues.

Le Chat est le plus petit des Féliens et par conséquent le plus nocturne, car si la force peut s'accommoder du grand jour, la faiblesse aime à s'abriter dans les ténèbres. Et, puisque le Chat est le plus nocturne de tous les Féliens, il doit être aussi le plus fourré ; car, dans tous les climats, la nuit est toujours plus froide que le jour. Comme compensation de la force, il a reçu l'instinct. Sa manière de combattre au moment du danger est assez remarquable. Il se met sur le dos afin de mieux disposer à la fois de toutes ses armes, c'est-à-dire de ses griffes et de ses dents. L'élasticité de ses mouvements et la souplesse de son corps viennent encore s'ajouter à ses moyens de défense. Il n'attaque jamais que de petites proies, et sa chasse est toujours insidieuse. Il n'agit jamais à force ouverte et semble compter bien plus sur la ruse que sur la violence. Son petit volume lui permet de grimper aisément, et cette circonstance lui donne le double avantage de surprendre sur les arbres les oiseaux endormis et d'être lui-même à l'abri du danger. Dans nos maisons, le Chat nous débarrasse des rats et des souris qui sont, pour nous, des parasites incommodes.

La distribution géographique du Chat est très-étendue. Il habite les forêts de l'Europe, de l'Asie, de l'Afrique et même de l'Amérique. Inconnu dans la Grèce à l'époque d'Homère, le Chat était domestique dans l'antique Egypte et dans la Chine. Mais, tandis que le Chien a donné des variétés très-nombreuses et très-éloignées du type primitif, le Chat n'éprouve, pour ainsi dire, que des modifications de taille, de fourrure, de couleur. On dit que la Chine présente une variété qui a l'oreille pendante. Il serait à désirer que ce fait fût établi comme il l'est déjà pour le Chien et pour la Chèvre. La domesticité n'a guère agi sur le Chat que de deux manières : par le climat et par le régime alimentaire. Le climat a diminué la taille, épaissi la fourrure ; le régime alimentaire a développé l'estomac et les intestins. Le Chat domestique est plus petit que le Chat sauvage, et cependant ses organes digestifs sont plus allongés, ce qui annonce évidemment qu'il est devenu moins essentiellement carnivore. Quant à la couleur, le Chat sauvage est d'un gris brun avec des raies plus foncées, la queue est annelée de noir. La livrée du Chat domestique varie du blanc au noir avec toutes les nuances intermédiaires, depuis le gris clair jusqu'au gris foncé. Quelquefois même, il présente la couleur fauve des grands Féliens. Mais lorsqu'il rentre dans la vie sauvage, il reprend sa couleur primitive.

Quoi qu'il en soit, nous retrouvons dans les Féliens ce que nous avons trouvé dans les Caniens. Les espèces nocturnes sont plus petites, plus chaudement vêtues, plus faibles, plus craintives et par conséquent plus féroces. Cette férocité est excitée par l'instinct de la défense. Ainsi le Lion lui-même s'irrite au moment où il apaise sa faim, car il sent que toutes ses armes, dents et griffes, étant occupées, il peut être surpris dans cette sorte d'affaiblissement, et sa voix gronde alors comme une menace.

Remarquons surtout cette loi d'harmonie entre les proportions du Félien et celles de l'animal dont il doit se nourrir; aux grandes espèces sont assignées les proies volumineuses; aux petites espèces, les proies les plus réduites : au Lion, la Gazelle, comme au Chat, la Souris. Et c'est ainsi que se fait pas à pas la transition entre les Carnassiers Carnivores et les Carnassiers Insectivores.

FAMILLE DES INSECTIVORES.

Les Insectivores sont petits et mal armés. Les dents sont faibles et leur action est encore atténuée par la longueur du museau. Mais cette mâchoire allongée exalte l'odorat, et c'est précisément le sens qui dirige l'animal vers sa proie. La patte est courte, elle est plus propre à fouir qu'à déchirer. L'ongle qui termine les doigts est presque toujours obtus. Ce n'est pas une arme pour la lutte, mais un instrument pour le travail. L'Insectivore doit, en effet, fouiller le sol pour y chercher les larves ou les chenilles. Tous les caractères de son organisation sont parfaitement coordonnés. L'Insectivore peut être privé de force, d'armes et de vitesse, car la proie n'a besoin d'être ni poursuivie ni combattue.

La tête a la forme allongée, disposition assortie surtout à la vie souterraine. C'est dans le même but que la patte est courte, et de sa brièveté résulte qu'elle porte cinq doigts. Les dents présentent des parties saillantes qui les rendent propres à briser les élitres des insectes.

Le système dentaire perd ici toute sa valeur. Si nous y attachions quelque importance, nous séparerions des animaux qui sont dans les plus intimes rapports. Bien plus, il n'y a pas de similarité dans les deux mâchoires d'un même Insectivore. Et tandis que, dans les Carnassiers, le caractère des dents prime sur tous les autres, il est, au contraire, subordonné dans les Insectivores.

Mais quel ordre doit être établi dans la gradation sériale de cette famille? Le système digital nous a servi dans les Primates, et le système dentaire dans les Carnassiers. Et puis, nous avions les deux termes extrêmes des Primates dans le Troglodyte et le Ouistiti. Nous les avons eus aussi pour les Carnassiers dans l'Ours et le Chat. Mais ici les deux termes extrêmes nous manquent, et nous n'avons pas un caractère prédominant, qui relie entre eux les Insectivores.

La famille des Insectivores comprend cinq tribus : les Tupaïens, les Macroscélidiens, les Soriciens, les Talpiens et les Erinaciens.

TRIBU DES TUPAIENS.

Le Tupaïe est grimpeur, ce que nous annoncent ses ongles acérés et crochus. C'est le seul caractère qu'il retienne du Chat, dont il s'écarte par tous les autres points de son organisation. Sa queue, longue et velue, est dystique, c'est-à-dire qu'au lieu d'être uniformément enveloppée de fourrure, elle n'en présente que des deux côtés, ce qui la rend élégante et gracieuse. Le Tupaïe a la tête pointue, particularité qu'il importe de remarquer pour ne pas le confondre avec l'Écureuil, dont il a tout l'aspect. Il vit sur les arbres et il a, pour patrie, les îles de Java et de Sumatra.

TRIBU DES MACROSCÉLIDIENS.

Le Macroscélide est un animal sauteur, ce que nous indique l'exagération de sa patte postérieure. Acquis depuis peu à la science, cet Insectivore nous est venu de la province d'Oran. Son nez se termine en trompe. Son œil est bien développé. Son oreille très-grande est en parfaite concordance avec sa patrie, car l'amplitude de la conque auditive est un caractère de l'animal africain. L'élongation de la patte postérieure nous avertit qu'elle ne doit porter que quatre doigts. En effet, le pouce y est rudimentaire. La queue du Macroscélide est longue et lui sert de point d'appui. Son pelage est gris. Il habite un terrier.

TRIBU DES SORICIENS.

Les Soriciens ont les quatre pattes établies sur le même type. L'œil est petit, et la diminution de cet organe signale des habitudes nocturnes. Cette tribu comprend : la Musaraigne, qui est un animal terrestre ; la Mygaline et le Desman, qui sont des animaux plus ou moins aquatiques.

La Musaraigne a le museau en grouin. Elle nous intéresse à deux égards : d'abord, parce qu'elle est commune dans notre pays ; et puis, parce qu'elle est le plus petit des Pilifères. Sa taille, toujours inférieure à celle de la Souris, se réduit, dans la Musaraigne de Madagascar, presque aux proportions d'une abeille. L'œil est très-petit, non-seulement d'une manière absolue, mais encore par rapport aux dimensions exiguës de l'animal. Elle se tient dans les terrains meubles ou sableux. Au moindre bruit, elle s'y enfonce et disparaît.

Le Chat attaque la Musaraigne, comme il attaque la Souris ; mais il ne la mange pas, à cause de l'odeur musquée qui, pour nous-mêmes, rend ce petit Soricien insupportable, lorsqu'il pénètre dans nos maisons. Toutefois, la Musaraigne n'y commet pas de dégâts, et dans nos jardins elle est utile, puisqu'elle fait la chasse aux insectes. Cependant, par un préjugé qui dérive de sa ressemblance avec la Souris, la Musaraigne est sacrifiée impitoyablement. Il en est une espèce qui fréquente le bord des eaux. Sa patte, il est vrai, n'est pas palmée, mais garnie latéralement de soies raides qui lui permettent de se tenir sur la vase et même sur les feuilles qui flottent à la surface de l'eau. Cette Musaraigne nous conduit naturellement à la Mygaline et au Desman, qui établissent un nouveau point de contact entre les Pilifères terrestres et les Pilifères aquatiques.

La Mygaline a les pattes palmées. Celles de derrière ont les doigts plus longs et la palmature mieux développée. Le museau se termine en trompe très-longue. La queue est arrondie. Quoique la Mygaline soit très-commune dans les Pyrénées, nos collections ne la possèdent que depuis peu de temps. Il est difficile, en effet, de découvrir son gîte et surtout de la surprendre, car elle est toujours cachée sous le sol ou dans l'eau. Le bout de sa trompe s'élargit et s'évase pour donner plus d'ampleur aux narines, et cette particularité correspond à une circonstance biologique de l'animal. Quand la Mygaline se tient submergée, elle respire tout à l'aise, en élevant l'extrémité de sa trompe au-dessus de l'eau.

Le Desman présente une organisation plus aquatique. Sa queue, fortement comprimée, forme une véritable rame. Toutes ses pattes ont une palmature complète. Son odeur est musquée. Sa fourrure peut servir dans la chapellerie, quoiqu'elle soit inférieure à celle du Castor. Et remarquons ici ce que nous avons observé déjà dans l'Enhydre, c'est que le Desman, par cela seul qu'il est très-aquatique, est le plus grand de tous les Insectivores. Il habite le nord de l'Europe et surtout de l'Asie. Sa trompe lui sert à palper dans la vase les larves, les vers et les mollusques dont il se nourrit. Quand la rivière ou le lac se congèle, l'animal, menacé d'asphyxie, cherche quelque fissure pour respirer ; et l'on profite de cette circonstance pour s'emparer de ce Soricien. En effet, si l'on perce la glace en un point, aussitôt on y voit surgir sa trompe, qui vient pour se mettre en rapport avec l'atmosphère.

Les Soriciens ont un pelage qui doit être signalé : les espèces terrestres sont grises, les espèces aquatiques sont plus ou moins noires.

TRIBU DES TALPIENS.

Le caractère distinctif des Talpiens réside dans la patte antérieure qui est modifiée en véritable pelle ou bien en une sorte de pioche. Des muscles puissants l'animent, et toute l'organisation se coordonne pour que l'animal soit fouisseur par excellence.

La tribu des Talpiens comprend la Taupe, le Scalops, le Condylure et la Chrysochlore.

La Taupe est une merveille de la création. Destinée à vivre sous le sol, elle présente, dans tous les détails de son organisation, une concordance minutieuse et parfaite. Elle a le plus petit volume compatible avec la force que nécessitent ses habitudes laborieuses. Si elle était plus réduite, elle serait trop affaiblie ; si elle était plus grande, son trajet sous le sol exigerait trop de labeur. De plus, le corps est déprimé. La robe est de velours plus ou moins noir. Cette robe, par sa nature et par sa couleur, est assortie à la vie souterraine et nocturne ; et quoique soumise au frottement continuel des couches terreuses, elle se maintient toujours propre et ne s'use point.

Le museau se termine en boutoir et devient ainsi un instrument de travail, en même temps qu'il exalte le goût et l'odorat. De plus, l'allongement du museau permet à la mâchoire d'être garnie de quarante-quatre dents, et cette circonstance nous annonce un appétit très-développé. En effet, la voracité de la Taupe est extrême. C'est la seule satisfaction qui dédommage de ses peines ce travailleur infatigable. La faim, au bout de quelques heures, l'exaspère jusqu'à la férocité. Elle attaque alors et dévore toute sorte de proie, elle mange même ses compagnes et n'en laisse guère de vestige. Elle plonge sa tête dans les viscères de l'animal et rien ne l'arrête, pas même la frayeur, qui cependant paralyse tout besoin dans les autres animaux. Le sentiment de la soif est aussi tellement violent pour la Taupe, qu'elle boit alors même qu'on la tient fortement saisie par le cou. Les os sont courts. Leurs extrémités sont élargies pour offrir à l'insertion des muscles une grande surface ; et leur partie moyenne est supprimée, de telle sorte que les os réunissent la double condition de diminuer le volume de l'animal et de favoriser cependant sa puissance musculaire. L'appareil nasal est énorme. Il est, en effet, très-important, puisque c'est l'odorat qui gouverne la Taupe dans sa chasse subterranéenne. La patte est si courte que la Taupe semble ramper; mais, en réalité, elle marche, car elle ne s'appuie point sur le corps. Chaque pied porte par conséquent cinq doigts. La patte antérieure ressemble à une main qui, par ses proportions, paraît se rapprocher de celle de l'homme, car non-seulement la paume en est large et les doigts très-divisés, mais encore la partie digitale et la partie palmaire sont d'égale longueur. Toutefois, cette similitude n'est qu'apparente, puisque ce ne sont pas les doigts mais les ongles qui sont longs, et que tous les os de la main sont réduits. Cette patte n'en est pas moins fort étrange, et nous n'avons rien trouvé jusqu'ici qui pût nous y préparer.

Une autre particularité, c'est que la paume est plutôt en dehors qu'en dessous. La Taupe s'appuie donc sur les bords de la main. Cette disposition rend sa marche fort difficile ; mais elle est éminemment propre à l'action de fouir, puisque l'animal peut ainsi rejeter à droite et à gauche les déblais dont sa galerie resterait encombrée. La peau cache et retient tout le membre et ne laisse sortir que la main. Le squelette reproduit toutes les parties du bras de l'homme, et même les os de l'avant-bras sont séparés. Le sternum est surmonté d'une crête saillante pour l'insertion des muscles pectoraux, qui doivent abaisser le bras, c'est-à-dire qui doivent agir pour creuser les galeries. La queue est très-courte. Elle devait l'être pour ne pas gêner la circulation de la Taupe à travers les terres. Pour un animal essentiellement fouisseur, l'organe de la vue devait être atténué ; car, non-seulement il ne peut être utile dans un milieu privé de lumière, mais encore il serait une cause perpétuelle de souffrance sous l'action du sable et des cailloux. L'œil de la Taupe est, en effet, si petit qu'on a cru longtemps qu'elle était aveugle. Mais, dans son extrême exiguïté, cet œil est analogue à celui des autres animaux. Il en a toutes les parties constitutives, seulement tout y est très-petit. Le globe oculaire de la Taupe est d'autant plus inapparent qu'elle peut crisper sa peau et le dissimuler ainsi dans les replis de sa fourrure. On comprend que, n'ayant pas assez d'importance pour mériter les frais d'un domicile ordinaire, l'œil ne soit pas établi dans cette cavité osseuse qu'on appelle l'orbite. Il est donc tout simplement logé dans l'épaisseur de la peau. Toutefois, il n'est pas inutile, car il suffit pour faire reconnaître à la Taupe s'il fait jour ou nuit. Quant à l'oreille, sa conque auditive est sacrifiée, parce qu'elle serait un embarras bien plus qu'un auxiliaire. A l'extérieur, l'oreille n'est donc représentée que par l'orifice d'un canal cutané qui ne va rejoindre l'orifice osseux qu'en décrivant des sinuosités. C'est qu'en effet, si ces deux orifices se correspondaient en ligne droite, le conduit auditif ne serait point suffisamment abrité de la poussière. Du reste, l'oreille s'ouvre et se ferme au gré de l'animal, et quoique la conque auditive soit supprimée, l'ouïe n'en est pas moins fort délicate, car l'oreille est au contact du sol, et les corps solides transmettent le son d'une manière plus rapide et plus intense. Ajoutons que la Taupe n'a besoin de l'ouïe que pour être avertie du danger.

La France est surtout le pays de la Taupe, qui se plait dans les terrains meubles et fertiles. Elle nous en offre même deux variétés particulières : l'une bigarrée de noir et de blanc, et l'autre toute blanche.

La Taupe construit sa demeure avec une habile prévoyance. Tout est calculé pour que l'habitation soit commode et sûre. C'est une chambre circulaire creusée à une assez grande profondeur. La Taupe y élève ses petits avec beaucoup de soin. Elle leur fait un matelas très-chaud avec les feuilles et le chaume des graminées. Quand elle veut utiliser, par exemple, une tige de froment, elle ne l'enlève point, mais elle la fait descendre en la saisissant par les racines. La chambre qui sert d'habitacle à la famille est ouverte de plusieurs portes, qui conduisent à des galeries fort étendues et qui sont dirigées dans tous les sens. Ces galeries, reliées par de nombreuses communications, forment une sorte de labyrinthe, dont la Taupe seule a le secret. Mais il en est une plus superficielle qui court horizontalement et que la Taupe parcourt deux fois par jour, pour s'assurer si quelque dégât menace son domicile. Cette galerie remplit encore une autre fonction; elle est destinée à l'écoulement des eaux, lorsque les pluies deviennent trop abondantes. La porte extérieure de la taupinière est dissimulée. Ce ne sont point ces orifices signalés par des amas de terre qui s'élèvent en tertre, où le vulgaire suppose qu'on peut attendre la Taupe pour s'en emparer. Ces orifices sont des issues de décharge, comme sont les puits de mine pour les déblais. La galerie horizontale est le seul point où l'on puisse tendre un piége à la Taupe. Elle se traduit au dehors par une ligne de plantes étiolées, qui ne peuvent conserver, en effet, leur verdure, puisque leurs racines sont continuellement froissées par la Taupe qui passe et repasse pour opérer son exploration régulière. Au moindre bruit, l'animal s'esquive et, par le circuit le plus court, il rentre dans son logis. Si le danger vient enfin l'y menacer, il s'échappe en s'ouvrant immédiatement une galerie nouvelle qui pénètre dans les couches les plus profondes.

Mais la Taupe est-elle véritablement nuisible? Pour résoudre cette question, il importe de se dégager de toute idée préconçue. Et d'abord, tout animal insectivore est utile, car il est destiné à restreindre la famille des insectes qui tend à s'accroître indéfiniment. Toutefois, si l'Insectivore est fouisseur et s'il se multiplie lui-même au delà d'une certaine limite, il peut causer plus de dégâts qu'il ne rend de services. Ainsi la Taupe est utile par elle-même, mais elle devient nuisible, lorsque sa famille est trop nombreuse. L'homme doit donc s'opposer à la trop grande multiplication des Taupes, sans désirer cependant leur destruction ; car cet insectivore détruit une quantité considérable de hannetons dont elle mange, en effet, les larves, si connues sous le nom de vers blancs. Or, ces larves sont une plaie de l'agriculture; car, durant leur vie souterraine de deux années, elles attaquent les spongioles, c'est-à-dire les parties les plus délicates des racines.

Le Scalops a, pour patrie principale, le Canada. Il a tous les caractères de la Taupe et présente les mêmes mœurs. Il s'en distingue surtout en ce qu'il n'a pas d'incisives à la mâchoire supérieure. On peut même dire que, par le système dentaire, il diffère de la Taupe autant que le Singe diffère de l'Hyène. Et cependant, ces deux insectivores sont inséparables, et la science les réunit, parce qu'ici le système dentaire est destitué de toute importance.

Le Condylure est lui-même très-voisin du Scalops par son organisation générale et par sa distribution géographique. Mais sa queue est longue et sa main est moins large. Ses narines présentent un perfectionnement tout particulier. Leur pourtour est étoilé de prolongements membraneux qui sont comme des espèces de conques propres à recueillir les vapeurs odorantes. Le nom de Condylure, qui signifie *queue articulée*, provient d'une erreur commise dans la première figure qui en fut faite, sur un individu que son séjour dans l'esprit de vin avait dégradé.

La Chrysochlore diffère des précédents par sa main comme par sa patrie. Sa main est corformée en pioche et ne se termine que par trois doigts. Ces doigts, il est vrai, sont robustes, et l'un d'eux est tellement exagéré qu'il a dû nécessairement entraîner l'atrophie des deux doigts qui complètent la patte des Insectivores. La Chrysochlore est africaine et spécialement du cap de Bonne-Espérance. Son nom lui vient de ce qu'elle a des reflets métalliques, surtout quand elle est mouillée. C'est le seul exemple d'un Pilifère orné de riches couleurs. Elle présente, comme la Taupe, une variété albine.

TRIBU DES ERINACIENS.

Cette tribu est caractérisée par un tégument épineux. Ces piquants ne sont en réalité que des poils volumineux et durs, pouvant se relever sous l'action du muscle peaucier, qui présente un extrême développement. Du reste, une gradation remarquable et croissante se manifeste, sous ce rapport, à mesure que l'on marche du Tanrec à l'Ericule, et de l'Ericule au Hérisson.

Le Tanrec a les piquants moins forts, la tête longue et effilée. Son museau se termine par un grouin. Par son système dentaire, il se rapproche des Carnivores; et cette circonstance l'avait éloigné d'abord du Hérisson, lorsque l'Ericule est venu se placer entre eux comme une transition naturelle. Nous retrouvons ici une nouvelle preuve du peu de valeur qu'a la formule dentaire dans les Insectivores. Le Tanrec n'a pas de queue et ne peut pas se mettre en boule. Il appartient essentiellement à l'île de Madagascar. S'il se trouve aujourd'hui dans l'île de la Réunion et dans l'île Maurice, c'est qu'il y a été transporté. Les nègres mangent l'animal, lorsqu'il est gras. On a prétendu qu'il s'engourdissait durant les chaleurs de l'été, ce qui renverserait tout le système de l'hibernation ; mais c'est une erreur qui se trouve aujourd'hui parfaitement établie.

Dans l'Ericule comme dans le Tanrec, les poils et les piquants sont entremêlés. Cependant, dans l'Éricule, les piquants, devenus plus forts, occupent la partie supérieure et les poils la partie inférieure. Leur ligne de démarcation est brusque sur les flancs.

Dans le Hérisson, les piquants s'exagèrent encore. Ils sont annelés de noir et de blanc. Le système dentaire répète celui de la Musaraigne. Le museau se termine en grouin comme celui des animaux précédents. La queue est courte. Le Hérisson de l'Europe occidentale a l'oreille médiocre, celui d'Afrique et de l'Europe orientale a l'oreille longue. L'un et l'autre se défendent en se repliant sur eux-mêmes de manière à présenter la forme d'une boule. L'un et l'autre, pour se défendre, redressent leurs piquants ; mais avec cette différence que dans le Hérisson d'Europe, les piquants s'entrecroisent, car ils sont disposés par petits bouquets, tandis qu'ils ne peuvent s'entrecroiser, dans le Hérisson d'Asie, parce qu'ils sont disposés en série continue. Ainsi le Hérisson de notre pays a des conditions meilleures de défense. Les piquants, quoique durs et acérés, ne sont point une arme offensive, puisque, à l'état ordinaire, leurs pointes se dirigent en arrière. Mais l'animal y trouve une arme défensive, lorsque, se mettant en boule, il les hérisse ainsi dans toutes les directions. Alors, le Hérisson n'est pas abordable. Aussi tout ennemi passe outre, ou se blesse sans profit. Seul, le vieux Renard, qui n'espère plus d'heureuses chances, s'arrête à cette proie que, plus jeune, il dédaignait. Son plan d'attaque est fort simple. Instruit par l'expérience, il sait que, longtemps soutenu, tout effort amène la fatigue. Il se contente donc de cerner l'animal qu'il ne peut saisir de vive force, le harcèle par des agressions simulées et attend patiemment jusqu'à ce que, par lassitude, le Hérisson finit par se détendre, et laissant tomber ses piquants, se livre désormais sans défense.

Le Hérisson est nocturne, il se creuse un terrier qui n'est pas très-profond. Il niche dans les prairies et ne fouille pas le sol pour rechercher sa proie. Les petits dégâts qu'il peut commettre sont avantageusement compensés par les services qu'il rend en détruisant surtout les limaces. Le Hérisson nous intéresse par deux points fort remarquables : par sa puissance digestive et par le phénomène de l'hibernation. Vers la fin de l'Automne, il tombe dans une léthargie qui semble suspendre toutes les fonctions de la vie, et il ne rentre dans le mouvement que sous l'influence de la chaleur printanière. Le Hérisson a, de plus, le privilége de pouvoir manger des Cantharides sans éprouver le moindre accident. Ce qui prouve que la même substance peut être vénéneuse pour une espèce et ne pas l'être pour une autre. Du reste, l'animal est d'une excessive voracité ; car, dans les Insectivores, l'instinct d'alimentation est très-énergique.

ORDRE DES RONGEURS.

Les Rongeurs sont nettement caractérisés par la présence, à chaque mâchoire, de deux longues incisives qui sont taillées en biseau. Le biseau des incisives est naturellement produit par l'action réciproque de ces dents. En effet, la mâchoire inférieure se porte, tour à tour, en avant et en arrière de la mâchoire supérieure ; et comme les incisives ne sont émaillées que dans leur partie antérieure, tandis que l'ivoire est à découvert dans leur partie postérieure, il en résulte que l'émail des unes use, par frottement, l'ivoire des autres ; car l'ivoire est moins dur que l'émail. Cette singulière composition des dents incisives est assortie à ce mouvement tout aussi singulier de la mâchoire inférieure. Mais, puisque ces dents doivent s'user continuellement, il faut aussi qu'elles se renouvellent sans cesse ; car, ici, leur importance est extrême. Si l'une d'elles venait à manquer, celle qui lui correspond à la mâchoire opposée se développerait indéfiniment, puisque, tout en continuant de s'accroître, elle ne s'userait point.

Les dents canines, devenues inutiles, ont disparu pour laisser plus de place aux incisives, dont les racines se prolongent, en effet, jusqu'aux tuberculeuses. Ce vide de la mâchoire s'appelle barre. Les tuberculeuses, qui sont elles-mêmes moins essentielles, ont la surface de leur couronne qui varie selon le régime accidentel de l'animal.

Tous les Rongeurs sont végétivores. Mais il en est qui sont, en même temps, plus ou moins disposés au régime animal.

L'Ordre des Rongeurs, si bien caractérisé par son système dentaire, est aussi très-naturel; car, depuis l'Ecureuil jusqu'au Cobaye, tous les Rongeurs sont étroitement liés en série continue. Enfin, l'Ordre des Rongeurs est bien dénommé, puisque ces animaux se servent principalement de leurs dents incisives.

Tous les Rongeurs sont d'un volume plus ou moins petit, ce qui concorde avec leur manière de se nourrir qui est nécessairement moins expéditive. Leur tête est petite, et leurs yeux, très-latéraux. Le museau s'est raccourci pour donner plus de force à l'action des dents incisives. La patte postérieure prédomine toujours, mais à differents degrés, selon que l'animal est grimpeur, fouisseur, sauteur, coureur ou marcheur. L'avant-bras ne peut plus se mouvoir sur lui-même, ce qui restreint les mouvements partiels de la patte antérieure. De plus, la clavicule, cet os si nécessaire aux mouvements latéraux de la patte, tend à disparaître dans la série des Rongeurs. Les premiers sont encore claviculés, les derniers ne le sont plus, et les Rongeurs intermédiaires sont imparfaitement claviculés. Le pelage est presque toujours abondant et soyeux. Le cerveau, privé de replis et par conséquent diminué, nous annonce des facultés instinctives plus limitées que dans les Carnassiers. Cependant les Rongeurs sont remarquables par l'instinct de prévoyance et de conservation.

Il importe surtout de noter que les Rongeurs répètent tous les types principaux des Insectivores. Seulement, comme ils sont beaucoup plus nombreux, ils présentent des formes secondaires qui manquent dans la série des Insectivores. Ces deux groupes forment deux lignes parallèles qu'on pourrait comparer à deux rangées d'arbres, dont l'une serait très-pressée, tandis que l'autre serait plus espacée.

L'Ordre des Rongeurs comprend cinq familles : les Grimpeurs, les Fouisseurs, les Sauteurs, les Coureurs et les Marcheurs.

FAMILLE DES GRIMPEURS.

Cette famille est la plus voisine des Carnassiers, car la mâchoire ne présente ici qu'une barre incomplète, les dents absentes étant représentées par une fausse molaire. Il est vrai que cette petite dent, qui n'est et ne peut être d'aucun usage, ne persiste pas longtemps. Mais elle intéresse au point de vue scientifique, parce qu'elle marque la transition entre les Carnassiers, qui ont trois sortes de dents, et les Rongeurs, qui n'en ont que deux. Toutefois, un autre caractère plus important place cette famille en tête des Rongeurs, car elle est parfaitement claviculée. Elle comprend la tribu des Sciuriens et celle des Ptéromiens.

TRIBU DES SCIURIENS.

Elle a pour type l'Ecureuil, animal essentiellement arboricole et grimpeur, comme l'exprime si bien toute son organisation. Et d'abord, la prédominance de la patte postérieure était nécessaire, puisque, pour grimper sur les arbres, il faut aussi pouvoir sauter. L'ongle devait être recourbé pour s'accrocher aux branches, et acéré pour se piquer aux écorces les plus lisses. A ces conditions indispensables, l'Ecureuil en réunit d'autres parfaitement assorties qui rendent l'animal plus gracieux et surtout plus léger. L'Écureuil a les formes sveltes, le volume petit, le tégument souple, le museau fin, la queue élégante. Son œil est moyen, ce qui annonce des habitudes diurnes. Son oreille, surmontée d'un pinceau touffu, est assez développée. Il a cinq doigts au pied de devant et quatre seulement à celui de derrière, qui ne présente, en effet, le cinquième qu'à l'état rudimentaire. La queue, longue et dystique, se dispose en panache. L'animal peut la ramener et l'étendre au-dessus de son corps pour se garantir tour à tour du soleil ou de la pluie. Elle peut même remplir une fonction inattendue que nous ne devons signaler que sur le témoignage formel de Linné et de Pallas. Quand l'Ecureuil a besoin de traverser un lac, il détache une écorce qui devient pour lui une nacelle ; puis il étale à la brise, comme une voile, sa longue et large queue, et se fait pousser doucement jusqu'à la rive opposée.

L'Ecureuil est frugivore. Il mange assis et se sert des deux pattes antérieures pour porter, sous les dents, le noyau qu'il veut briser, car il est très-friand d'amandes et surtout de noisettes. On l'apprivoise aisément, mais il ne devient point affectueux. Il est propre et vigilant. Il a soin de se ménager des réserves dans les différents points de la forêt qu'il habite. Ce sont des cavités pratiquées dans le tronc des arbres, où il amasse des provisions pour n'être jamais pris au dépourvu. Il est fort rusé. Quand il est menacé par le chasseur, il en suit tous les mouvements et manœuvre de telle sorte qu'il interpose toujours une branche pour s'abriter.

L'Ecureuil a une disposition géographique très-étendue, et sa couleur se modifie selon les climats. Dans les régions tempérées, il est d'un roux plus ou moins vif ; dans les pays froids, son pelage devient gris et en même temps plus épais. L'Ecureuil de Sibérie a une fourrure très-fine appelée Petit-Gris dans le commerce, mais qu'il ne faut pas confondre avec le Petit-Gris par excellence, qui est la fourrure d'un Ecureuil plus grand, originaire de la Caroline et du Canada. Celui de Malabar est d'un pourpre un peu foncé; celui du Sénégal, peu couvert et grossièrement vêtu, a la couleur fauve du désert. A Cayenne se trouve l'Ecureuil nain, que sa taille réduite rend encore plus gracieux.

L'Anomalure est un Sciurien dont la queue est anomale, c'est-à-dire étrange. En effet, elle est écailleuse en dessous, particularité qui ne se trouve que dans l'Ordre des Edentés. Il a, pour patrie, l'Afrique occidentale.

TRIBU DES PTÉROMIENS.

Cette tribu établit un point de contact entre les Pilifères terrestres et les Pilifères aériens. Elle est caractérisée par une expansion latérale de la peau qui forme un véritable parachute. Ce n'est pas une aile, sans doute, car l'animal ne peut ni s'élever dans l'air, ni s'y diriger horizontalement; mais c'est toutefois un organe qui lui permet, lorsqu'il s'est lancé par un saut, de soutenir son élan et de le prolonger plus ou moins afin de franchir ainsi l'intervalle qui sépare les arbres les uns des autres.

Le Ptéromys et le Polatouche forment la tribu des Ptéromiens.

Le Ptéromys diffère du Polatouche par les proportions de la taille, par la forme de la queue et par la distribution géographique. Il a le volume de l'Ecureuil. Sa queue est ronde. Il a, pour patrie, les contrées chaudes de l'Asie.

Le Polatouche a la taille d'un petit rat. Son œil

volumineux exprime qu'il est nocturne. Sa queue est dystique. La vélocité de ses mouvements est étonnante. Le regard n'a pas le temps de voir s'ouvrir et se fermer la membrane alaire qui constitue son parachute. Son pelage est grisâtre. Il est très-commun aux États-Unis d'Amérique.

FAMILLE DES FOUISSEURS.

Le caractère distinctif de cette famille est inscrit à la patte antérieure, qui est courte et terminée par des ongles puissants. La clavicule est encore assez développée. Cette famille comprend six tribus : les Arctomiens, les Castoriens, les Muriens, les Pseudostomiens, les Talpoïdiens et les Hystriciens.

TRIBU DES ARCTOMIENS.

Les Arctomiens ont le corps trapu. Leur barre est complète, car ils n'ont plus que deux sortes de dents. Leurs doigts sont moins profondément divisés. L'usage de la patte est plus restreint.

Le Spermophile est exactement intermédiaire entre l'Écureuil et la Marmotte. Il perd la légèreté de l'Écureuil, car la patte postérieure n'est plus très-longue, mais la vitesse ne lui est pas nécessaire, puisqu'il vit dans un terrier. Il présente des abajoues, c'est-à-dire des poches de réserve dans lesquelles il peut accumuler une certaine quantité de nourriture.

Dans la Marmotte, les formes deviennent lourdes, le museau obtus, les membres plus courts. Toutefois, la patte postérieure prédomine, car ce rongeur retient encore le caractère et les habitudes de l'animal grimpeur. Sa fourrure est grossière, brunâtre en dessus et jaunâtre en dessous. La Marmotte ne se trouve guère que dans les Alpes, où elle est fort commune. On lui fait la chasse, mais il est difficile de la surprendre, et l'industrie n'en retire que peu de profit.

Aristote, le naturaliste de la Grèce, n'a pas connu la Marmotte. Pline, le naturaliste de Rome, n'en parle qu'avec peu d'intérêt, parce qu'il ignorait les détails qui ne sont acquis à la science que depuis peu de temps. Aujourd'hui encore, le vulgaire ne connaît la Marmotte que par celles qu'amènent dans nos villes les enfants de la Savoie. Mais ces Marmottes captives se trouvent dans deux conditions bien défavorables. Elles regrettent leurs montagnes, et la température d'une matinée de printemps suffit pour les engourdir. Cependant, la biologie de ce rongeur mérite bien d'être étudiée. La Marmotte s'écarte peu de sa demeure ; elle y reste même tout le jour, dès que l'air est seulement humide ou frais. Lorsqu'elle sort avec ses compagnes, pour chercher sa nourriture ou pour jouir, sur l'herbe, de quelque loisir, elle pourvoit d'abord à sa sécurité. Les sentinelles font le guet sur les points les mieux choisis, et sous cette sauvegarde, la petite troupe prend ses ébats, plus alerte et plus joyeuse qu'on ne le suppose assurément. Au moindre danger, le signal est donné par un cri très-aigu, espèce de sifflement par lequel la Marmotte exprime sa frayeur comme sa colère. Aussitôt toute la caravane se met en fuite vers le terrier.

Parmi les faits si rares que l'observation a pu saisir, il en est deux surtout qui réhabilitent la Marmotte contre d'injustes préjugés : d'abord le phénomène de l'hibernation, et puis l'instinct de l'association.

Le phénomène de l'hibernation est ici poussé jusqu'à la limite la plus extrême qu'il puisse atteindre dans un animal pilifère. En effet, la Marmotte tombe alors dans un tel état d'insensibilité que, durant sa léthargie, elle ne manifeste aucune impression, alors même qu'on verse, sur ses nerfs mis à nu, les acides les plus énergiques.

L'instinct de l'association se produit aussi à un degré très-remarquable. Les Marmottes se concertent pour établir leur terrier dans les conditions les plus convenables. Ce terrier, placé sur la pente de la montagne, dans le voisinage des neiges éternelles, s'ouvre par deux galeries. La galerie supérieure est celle qui conduit au terrier. La galerie inférieure, beaucoup plus inclinée, est une sorte d'égout pour balayer au dehors tout ce qui peut compromettre la propreté du logis. Avant de s'y renfermer pour y passer la saison rigoureuse, les Marmottes coupent une grande quantité de foin qu'elles portent dans leur terrier après l'avoir fait bien sécher au soleil, pour qu'il n'entre point en fermentation. Puis, chacune d'elles s'enveloppe d'une boule de foin et se place près de sa voisine, afin que la température se conserve plus égale et que la déperdition de la chaleur soit retardée. Mais s'il arrive qu'au moment d'emménager le foin, la pluie menace de le mouiller, ou bien encore, si la froide saison survient inattendue, les Marmottes ont un merveilleux moyen d'accélérer le travail.

Chacune d'elles, tour à tour, se met sur le dos et, tenant haut les pattes, forme ainsi comme une espèce de traîneau sur lequel les autres accumulent le foin. La Marmotte qui remplit ce pénible office mord la queue de celle qui est chargée des fonctions de cheval. Il en résulte que les deux sont intéressées à ce que le tirage s'effectue avec soin, afin d'atténuer pour l'une l'action du frottement, et pour l'autre la pression des dents.

Lorsqu'il s'agit de clore le terrier, l'une des Marmottes, après s'être assurée que toute la famille y a repris sa place, bouche les orifices en rentrant à reculons et portant à ses dents un gros bouchon de foin. Elles calfeutrent toutes les fissures pour n'être réveillées ni par la chaleur ni par le froid, car le sommeil hibernal ne s'opère qu'à une température dont le terme moyen est 8° au-dessus de zéro. Si la température venait à s'élever ou bien à s'abaisser de quelques degrés, la Marmotte se réveillerait et ne tarderait pas à périr; mais ces circonstances ne se réalisent jamais dans la vie sauvage, car le terrier se trouve protégé par la couche de neige qui le couvre dès le mois de novembre. Or, la neige a la double propriété d'être un excellent calorifère, et, en même temps, d'intercepter toute influence atmosphérique.

La Marmotte est plus éducable que le Castor. Elle s'apprivoise facilement. On peut la dresser à quelques exercices qu'elle n'exécute, du reste, qu'avec une sorte de mauvais vouloir; car la captivité, comme à l'Ecureuil, lui est si dure, qu'elle cesse d'avoir des petits dès qu'elle a perdu l'indépendance. Elle a contre le chien une aversion profonde et qu'il est presque impossible de corriger.

L'Inde a une espèce de Marmotte dont la fourrure est toute noire.

TRIBU DES CASTORIENS.

Les Castoriens ont pour caractère distinctif la palmature de la patte. Ils forment ainsi une nouvelle dérivation des Pilifères terrestres vers les Pilifères aquatiques.

Le Castor est isolé de tous les Pilifères par sa queue écailleuse et aplatie. C'est une rame puissante qui suffirait pour nous le signaler comme un animal nageur. Tous les détails de son organisation concourent à lui rendre la nage très-facile. Il est volumineux et gras. Sa fourrure est épaisse et lustrée.

Chacune de ses pattes porte cinq doigts, mais les doigts sont libres à la patte antérieure, qui doit être un instrument de travail; ils sont largement palmés à la patte postérieure, qui doit être un organe de natation. Les uns et les autres se terminent par des ongles très-forts, condition essentielle de l'animal fouisseur. Le museau du Castor est très-obtus. Les dents antérieures, profondément taillées en biseau, peuvent user la pierre et même le fer. Du reste, le système dentaire du Castor présente une coloration singulière. L'émail en est d'un jaune orangé. L'œil est médiocre et la conque auditive est petite.

La biologie du Castor doit présenter à la fois le double caractère de l'animal subterranéen et de l'animal aquatique. En effet, le Castor est fouisseur. Durant la belle saison, il se creuse un terrier dont la galerie a souvent plus de 30 mètres de développement; mais, dans la saison mauvaise, il devient architecte et il édifie sa cabane sur les lacs ou sur les fleuves. Il préfère les lacs, parce que l'eau en est tranquille et le niveau constant. S'il est forcé de s'établir sur un fleuve, il cherche alors un point où le fleuve fasse une sorte de lac latéral au courant; et si cet accident lui manque, il barre le fleuve par une digue. C'est ici que se manifestent des faits merveilleux que quelques auteurs ont obscurcis. La colonie se compose de deux ou trois cents individus. Chacun d'eux a son rôle dans la construction du barrage, car c'est une œuvre commune à laquelle toute la troupe concourt dans l'ordre le plus parfait et avec la plus ardente activité. Un arbre est choisi sur l'une des rives du fleuve ; les Castors en rongent la base pour le faire tomber perpendiculairement au courant. L'arbre est abattu avec ses branches et avec ses feuilles. Les branches qui émergent sont coupées et servent à remplir les intervalles que laissent entre elles celles qui sont submergées. Toutes ces branches sont artistement entrelacées. Pendant ce temps, plusieurs Castors gâchent de la terre pour maçonner. Les prescriptions géométriques les plus exactes sont prévues et satisfaites. La digue s'élève en talus, afin de mieux supporter les efforts du courant. Elle a deux à trois mètres d'épaisseur. Elle maintient l'eau à un niveau constant et abrite désormais l'emplacement que la colonie s'est préparé. Devenus propriétaires du lac qu'ils se sont ainsi formé, les Castors s'occupent ensuite de construire leur cabane. Dans cette œuvre privée, chaque famille travaille séparément, mais elles suivent toutes le même plan et chaque cabane se divise en deux parties : l'une au-dessous de l'eau, l'autre au-dessus. L'étage inférieur contient les provisions d'écorce et de bois. C'est une réserve pour le cas où l'animal viendrait à s'éveiller durant l'hibernation. L'étage supérieur est occupé par la famille et présente des gradins qui permettent au Castor de rester à sec, ou bien à son gré de se tenir dans l'eau. Le dôme n'est percé que de petites ouvertures pour la circulation de l'air. L'étage inférieur est ouvert de portes arrondies et calculées sur le volume même du Castor, de telle sorte qu'elles ne seraient accessibles qu'à de petits animaux, qui se gardent bien d'y pénétrer, car la force du Castor est inouïe et ses dents comme ses ongles sont des armes formidables. Lorsque la neige commence à tomber et que l'eau se gèle, le Castor ferme ses ouvertures par des bouchons de foin, et il entre doucement dans le sommeil hibernal. En cas d'inondation, les Castors émigrent et se creusent momentanément un terrier. Mais, dès que la crue cesse, les femelles rentrent les premières à la colonie, et bientôt après toute la bourgade revient pour réparer les désastres que la digue ou les cabanes ont éprouvés.

On comprend que le Castor recherche les solitudes les plus lointaines, les lacs les plus ignorés. Lorsqu'il est obligé de vivre dans les pays habités, il cesse d'être architecte et n'est plus que fouisseur. Toutefois, son caractère d'animal aquatique se révèle encore. Il place toujours sous l'eau l'entrée de son terrier qui lui offre ainsi un refuge commode et qui se trouve complètement dissimulé pour tous ses ennemis. Celui qu'il redoute le plus, c'est l'homme qui lui fait la chasse pour en retirer deux produits. En effet, la fourrure du Castor, éminemment propre à se feutrer, s'emploie dans la haute chapellerie ; et la graisse appelée *castoreum* s'utilise en médecine.

On a cru longtemps qu'il y avait deux espèces de Castors : l'un terrier et l'autre architecte. Un fait, qui s'est accompli au Muséum d'Histoire Naturelle, a mis en évidence la vérité. Un jeune Castor y était élevé. Il était venu des bords du Gardon. Un soir, surpris par la neige, il se blottit d'abord au fond de sa loge, mais la neige poussée par le vent venant encore l'y atteindre, il dut songer à s'en mettre à l'abri. Il n'avait à sa disposition qu'un fagot qu'on lui avait donné pour ses loisirs, des carottes destinées à sa nourriture et la neige qui l'incommodait. Son plan est aussitôt conçu et exécuté. Il défait le fagot et entrelace les branches aux barreaux de sa loge. Les fragments de carottes lui servent à remplir les interstices, et la neige enfin devient pour lui un ciment. Dans une seule nuit, il termine cet immense travail. Ce fait est d'autant plus remarquable que ce jeune Castor de France descendait de parents qui, depuis bien des siècles, avaient perdu l'instinct de la construction. Cependant cet instinct s'est réveillé spontanément dès que l'occasion l'a provoqué. Il n'y a donc qu'une seule espèce de Castor qui, selon les circonstances, est terrier ou architecte. Celui du Canada, vivant dans le désert, est architecte; celui de France ne peut être que terrier.

Et toutefois, le Castor qui, par ses chefs-d'œuvre d'architecture, s'élève au-dessus de la plupart des animaux même supérieurs, redescend parmi les plus stupides dès qu'on l'éloigne de cette spécialité. Quand les premiers récits sur le Castor américain parvinrent en Europe, chacun, s'égarant dans son admiration, se prit à regretter que cette merveille de la nature n'eût pas été placée près de nous, pour devenir aussi, par l'éducation, la merveille de notre foyer domestique. Mais l'observation a démontré que le Castor n'est pas éducable, qu'il n'a pour lui ni expérience ni enseignement, et que l'homme essaierait en vain de l'associer à ses travaux ou à ses plaisirs.

Le Myopotame est un Castor, mais sur un type moins aquatique. Sa queue cylindrique n'est plus une rame et sa patte postérieure n'est que demi-palmée, encore même la palmature ne réunit que les trois doigts médians. Son volume est plus petit. L'émail de ses dents est aussi d'un bel orangé. Il remplace le Castor dans l'Amérique méridionale. Mais il a la patte plus longue, ce qui suffirait pour exprimer qu'il nage moins bien et qu'il marche mieux. Les os sont moins épais. Il ne construit jamais. Son terrier est toujours sur le bord des eaux. Il se nourrit de racines et de bois. Le pouce est réduit à la patte antérieure. Comme le Castor, il a une fourrure grossière et roussâtre, mais moins propre à se feutrer ; comme lui, il présente une variété albine.

Le Myopotame est pour la science d'un grand intérêt, car il vient, dans la série zoologique, marquer la transition entre le Castor et le Rat. Et de même que le Castor nous avait préparés au Myopotame, le Myopotame à son tour nous prépare aux Muriens.

Nous pourrions donc passer immédiatement à la tribu des Muriens. Toutefois, la Nouvelle-Hollande nous offre un Rongeur que nous devons placer ici, quoique son système dentaire ne présente que deux molaires, tandis que les Castoriens en ont quatre. Ce Rongeur, c'est l'Hydromis. La queue est ici très-comprimée et les trois doigts de la patte postérieure ne sont que tiers-palmés.

TRIBU DES MURIENS.

Cette tribu nombreuse a pour caractères distinctifs : la prédominance marquée des pattes postérieures ; l'élongation de la queue, qui est toujours écailleuse ; enfin, des yeux suffisamment développés. Le système dentaire n'ayant pas une grande importance dans les Rongeurs, surtout lorsque la différence porte seulement sur le nombre des molaires, nous trouverons dans les Muriens des animaux dont les dents ne sont pas les mêmes ; et cependant, nous ne les séparerons pas, afin d'éviter l'extrême confusion que quelques auteurs ont introduite dans cette tribu.

En tête des Muriens se place l'Ondatra, qui est encore très-voisin du Castor par ses formes, par sa fourrure, par sa patrie, et surtout par ses mœurs et par son industrie. Mais il est Murien par sa queue comprimée et par ses dents, qui n'ont plus cette force extrême signalée dans celles du Castor et qui d'ailleurs sont taillées en forme de scie. Sa patte postérieure ne présente qu'une faible palmature, car il n'est que demi-aquatique. L'architecture de l'Ondatra diffère de celle du Castor, mais elle est peut-être plus admirable. Travaillant presque seul, il ne pourrait guère édifier la digue gigantesque qui garantit à la cité nautique du Castor une eau tranquille et un niveau constant. L'Ondatra a résolu le problème d'une autre manière : il s'établit non dans le fleuve, mais sur la rive, et s'y construit des cabanes solides que surmonte un dôme imperméable. Et toutefois, cette toiture est légère, car elle est faite de joncs artistement tressés. La cabane offre des gradins, qui permettent à l'animal de changer d'étage selon que le niveau de l'eau monte ou descend. Et comme sa demeure est accessible du côté de terre, il ne manque pas de creuser sous le lit du fleuve une galerie, pour s'échapper sur la rive opposée s'il est menacé par un ennemi, ou bien si l'inondation immerge son dôme ; sa porte est adroitement cachée sous des joncs, et, si la localité lui refuse ce secours, il creuse une longue galerie pour porter au loin l'entrée de son logis.

Le genre Campagnol a les dents jaunes et en forme de scie. Il fait le passage entre les Muriens aquatiques et les Muriens terrestres. Il présente, en effet, des espèces qui fréquentent le bord des eaux et des espèces qui se tiennent exclusivement sur le sol. Celles qui nagent encore assez bien, comme le Campagnol proprement dit et le Lemming, ont cependant la queue complètement cylindrique et leur patte n'est point palmée. Le Lemming est bariolé de noir et de fauve. Le Campagnol est très-commun dans nos contrées, et le Lemming a pour patrie spéciale, la Norwège.

Les espèces terrestres ont des formes plus réduites. Nous devons surtout y distinguer le Campagnol Econome ou Arvicole, petit Rongeur fort intéressant, qui habite principalement le Kamstchatka. Du reste, nous ne le connaissons que par les relations des voyageurs. Le Muséum d'Histoire Naturelle n'en possède pas même un seul individu. Dans son infatigable activité, il passe toute la belle saison à recueillir et à porter chez lui une immense variété de végétaux, et cette abondance de vivres étonne d'autant plus qu'elle est hors de toute proportion avec les besoins de l'animal. Son industrie est extrêmement remarquable. Il vit dans un terrier disposé avec art. D'après le témoignage de Pallas, le Campagnol Économe, partant de terre, débute par une longue galerie qui conduit à la chambre centrale qu'il habite. Et puis, de cette chambre, des galeries rayonnent dans tous les sens pour conduire aux magasins que l'animal s'est préparés. Il y entasse une quantité prodigieuse de plantes et de racines. Et toute cette récolte est choisie comme si elle était mise en réserve pour l'homme lui-même. Le Kamstchadale, dans ses voyages au milieu des plus austères contrées, est heureux d'y pouvoir trouver une opulente ressource pour l'hiver. Mais il a soin de respecter une partie de ces provisions, afin que l'Econome ne meure pas de faim.

Par opposition, notre Campagnol d'Europe cause beaucoup de dégâts en mangeant les semis.

Le genre Campagnol a encore la queue assez courte et velue, les pattes de moyenne longueur. Le genre Rat, au contraire, a la queue écailleuse et longue, le tégument rare et court. Les dents ne sont plus en forme de scie, la patte acquiert plus de longueur. Le Rat vit dans des trous et se fait des provisions même sous nos toits. Toutes les espèces ont le singulier instinct d'émigrer, mais elles ne retournent plus au pays d'où elles sont venues. C'est ainsi que la Souris, le Rat proprement dit et le Surmulot se sont répandus partout. Le Surmulot est d'un brun roussâtre et plus grand que le Rat, qui est d'ailleurs plus foncé. La Souris est beaucoup plus petite et son oreille est plus grande. Le Mulot est une espèce sauvage, qui attaque nos semis. Il est jaune en dessus et blanc en dessous. Le Rat des moissons est de couleur dorée et plus petit que le Mulot. Les Rats tendent à se détruire réciproquement dans les moments de disette, de telle sorte que ces espèces, qui naturellement ont un grand nombre de petits, se trouvent limitées par deux correctifs : leur migration continuelle et leur mutuelle destruction. Il y a une variété albine dans le Surmulot, dans le Rat et dans la Souris. La Chine a une Souris noire et blanche, qui est rare et gracieuse.

Les Rats sont parasites de nos maisons. Ils sont omnivores et ne dédaignent pas même la chair corrompue. Alors, ils ont une saveur désagréable qui ne permet guère de les manger. Mais, quand ces Rongeurs restent dans leurs conditions naturelles, ils sont comestibles.

Le Rat peut fouir, il peut même pénétrer dans les plus épaisses murailles, mais il lui faut beaucoup de temps et d'opiniâtreté.

Le Ptérnomys du Brésil, le Péphagomys du Chili et l'Echimys de Cayenne, sont au contraire d'excellents fouisseurs.

L'Acomys est un très-petit Rat épineux. Il est Africain et assez commun en Egypte.

L'Hamster diffère du Rat par trois points principaux : son oreille est longue, sa queue est excessivement courte, et il a des abajoues immenses. Ces poches, qui longent la mâchoire, sont pour lui d'une grande utilité. Il est bariolé de noir et de roux. Sa fourrure est fine, car il habite les contrées froides de l'Europe. Ses mœurs le rendent intéressant. Le terrier du mâle est différent de celui de la femelle. Celui du mâle est un caveau, dans lequel il se construit un nid et d'où partent des galeries, qui aboutissent à des magasins de réserve. Ce terrier communique au dehors par deux galeries : l'une verticale, qui est la porte d'entrée ; l'autre oblique, qui sert pour les déblais. Le terrier de la femelle est ouvert de plusieurs galeries, dont le nombre varie selon le nombre même des petits. L'Hamster fait, pour l'hiver, d'abondantes provisions, surtout de réglisse. Il profite alors de l'amplitude de ses abajoues pour en exécuter le transport.

TRIBU DES PSEUDOSTOMIENS.

Les Pseudostomiens (fausse bouche) sont ainsi appelés, parce qu'ils présentent des deux côtés de la bouche une poche formée par un repli extérieur de la peau. La science ignore les fonctions de cette poche singulière. Leurs dents ont une forme simple. Leurs pattes antérieures portent des ongles d'une longueur extraordinaire, mais en harmonie avec leurs habitudes, car ces Rongeurs se creusent des terriers très-profonds. Leur biologie est encore incomplète. Ils habitent l'Amérique septentrionale.

Cette tribu comprend le Pseudostome, qui a toute l'apparence d'un Rat, et le Diplostome, qui n'a pas de queue.

TRIBU DES TALPOIDIENS.

Cette tribu répète, parmi les Rongeurs, ce qu'était la tribu des Talpiens parmi les Insectivores. Elle se distingue par l'atrophie presque complète de l'œil, par le développement considérable des incisives qui décrivent presque un demi-cercle, et par l'excessive brièveté de la patte. Toute leur organisation est appropriée à la vie souterraine. Mais les uns ont encore l'œil apparent et les autres l'ont complètement caché sous la peau. Dans les uns comme dans les autres, l'œil n'est privé d'aucun de ses éléments constitutifs ; mais le microscope seul peut permettre de les distinguer.

Cette tribu comprend l'Oryctère, le Bathiergue et le Talpoïde.

L'Oryctère a l'œil apparent, mais extrêmement petit. Il n'a pas de conque auditive. Les ongles sont élargis à la patte postérieure et comprimés dans la patte antérieure. Il a la tête arrondie et la queue courte. Ses dents antérieures sont tellement développées que les lèvres, en se fermant, ne peuvent les couvrir. Sa fourrure est grise. Il recherche les terrains sableux et habite les dunes du cap de Bonne-Espérance.

Le Bathiergue, compatriote de l'Oryctère, a l'œil apparent, les ongles petits et la queue rudimentaire. Sa fourrure, quand elle est mouillée, a des reflets presque métalliques. Il répète ainsi, parmi les Rongeurs, la propriété que nous avons signalée dans la Chrysochlore parmi les Insectivores.

Le Bathiergue est moins fouisseur. Le petit point oculaire noir est au centre d'une assez grande tache blanche.

Le Talpoïde ou Spalax est un Fouisseur tout aussi bien organisé que la Taupe. S'il n'a pas la patte conformée en pioche, il porte une compensation plus avantageuse peut-être dans la puissance de ses dents antérieures qui sont un admirable instrument de travail. La Taupe creuse ses galeries dans les couches superficielles du sol, le Talpoïde pénètre dans les couches les plus profondes, car il se nourrit essentiellement de racines. Du reste, il est nettement signalé par deux anomalies : dans la conformation de sa tête et dans la modification de ses yeux. Sa tête est comme écrasée, et de plus elle est tranchante par ses bords. Il est complètement aveugle. Ce n'est point qu'il soit privé de l'organe de la vue, mais la peau, en passant sur le globe oculaire, reste épaisse et fourrée comme sur tous les autres points du corps. Ainsi cet œil microscopique n'est conservé que par simple analogie. Il est inutile, puisque la peau intercepte les rayons lumineux. Le Talpoïde n'a pas de queue. Il sort rarement de son terrier. Il est fort prudent et, pour être averti du danger, il compte sur la sensibilité extrême de l'ouïe.

Sa distribution géographique est assez étendue, car il habite la Grèce, la Russie méridionale et la Perse.

TRIBU DES HYSTRICIENS.

Cette tribu est, parmi les Rongeurs, ce qu'était parmi les Insectivores la tribu des Erinaciens. Elle est, en effet, caractérisée, au premier abord, par la nature de son tégument épineux. Parfois, les piquants sont dissimulés sous la fourrure, et la main qui veut alors saisir l'animal, peut se blesser grièvement. La tête est longue, l'odorat est très-développé.

A cette tribu appartiennent le Porc-Epic, l'Eréthison, l'Athérure et le Coendou.

Le Porc-Epic ne semble pas propre à la vie souterraine, car son volume est assez grand et sa clavicule est incomplète. Il est vrai qu'il se creuse un terrier peu profond. Ses pattes se terminent par cinq doigts. Ses ongles lui permettent de fouir la terre avec assez de puissance. Il se ménage plusieurs issues dans son terrier, car la longueur de ses piquants ne lui permet pas de rebrousser chemin dans ses galeries. Son tégument présente à la fois toutes les métamorphoses du système pileux, car on y trouve réunis des poils, des soies et des piquants. Les piquants sont excessivement développés sur la croupe; ils sont annelés de noir et de blanc. Les plus volumineux ont une structure particulière. Ils sont d'abord déliés comme un pédicule, et puis ils s'élargissent en une sorte de cloche qui s'ouvre à l'extérieur. La queue, qui est très-courte, disparaît sous ces piquants. Le Porc-Epic habite les contrées riveraines de la Méditerranée, le midi de l'Espagne et de la France, l'Italie, l'Asie-Mineure et le nord de l'Afrique. Mais il est rare dans chacun de ces pays. Les anciens croyaient qu'il pouvait lancer son piquant, et Claudien notamment, dit que cet animal porte sur lui son arc, sa flèche, son carquois, son bouclier. Mais c'est une erreur. Quand le Porc-Epic crispe son énorme peaucier, il dresse vivement ses piquants et peut même les faire tomber à quelques décimètres de distance, mais inoffensifs et détachés par ce brusque redressement.

L'Eréthison a les piquants similaires de forme et

de longueur. Sa queue est très-courte. Il est très-velu durant l'hiver, car il vit dans les pays froids et représente le Porc-Epic dans l'Amérique septentrionale. On a osé l'appeler Castor épineux. Mais il craint l'eau et sa patte n'est pas palmée. Ainsi, il n'a du Castor que le volume et la couleur.

L'Athérure a la queue longue. Cette queue est couverte à la base de petits piquants et, au milieu, d'écailles. Elle se termine par un bouquet de lames aplaties qui se rétrécissent et se renflent de distance en distance. Ce Rongeur habite l'Inde.

Le Coendou n'a plus que quatre doigts à chaque patte. Les ongles sont grands et arqués, ce qui nous annonce déjà qu'il vit sur les arbres. Cette première indication est confirmée par la structure de la queue, qui est longue, forte et prenante. Son corps est uniformément couvert de piquants, qui sont jaunes à leur base, et puis annelés de noir et de blanc dans toute leur étendue. Il en résulte que lorsque ces piquants sont couchés, l'animal n'est bariolé que de noir et de blanc. Dans la saison froide, il est velu. Les auteurs qui, d'après la vestiture, ont fait de ce Coendou deux espèces différentes, se sont trompés. C'est le même Coendou qui, selon la saison, paraît couvert, tour à tour, de piquants ou de fourrure. Toutefois, il est en réalité une seconde espèce de Coendou, qui a les piquants d'une couleur roussâtre. Les deux Coendous appartiennent au Brésil. Ils vivent sur les arbres et se nourrissent de fruits.

Le Coendou nous conduit naturellement au Loir, qui commence la famille des Sauteurs.

FAMILLE DES SAUTEURS.

La patte postérieure s'exagère dans cette famille, pour donner à l'animal la puissance du saut. Mais la forme des ongles la divise en deux tribus : les Gliriens et les Hélamiens.

TRIBU DES GLIRIENS.

Les Gliriens ont les ongles très-courts, très-aigus, très-recourbés, de telle sorte qu'ils sont à la fois sauteurs par la patte et grimpeurs par les ongles. Ils sont soumis au phénomène de l'hibernation.

Cette tribu ne se compose que du seul genre Loir.

Les Loirs vivent sur les arbres, sautent et grimpent de branche en branche à la recherche des fruits. Ils se logent dans des cavités qu'ils se creusent dans le tronc des arbres. Ils ont, pour patrie, l'Europe méridionale ; mais ils s'étendent jusque vers le nord de la France. Nous avons même trois espèces de Loirs : le Loir proprement dit, le Lérot et le Muscardin. Elles diffèrent par le volume et par la coloration. Le Loir a la taille d'un Rat, le Lérot est moins grand, et le Muscardin est encore plus petit. Tous les trois sont blancs en dessous;

mais en dessus le Loir est gris, le Lérot est roux, et le Muscardin est jaune. Le Lérot est le plus joli, le plus orné. Il porte une bande noire sur la face, et sa queue se termine par un pinceau blanc. Les Gliriens sont à craindre dans les espaliers. Ils en attaquent les meilleurs produits, avec le singulier caprice d'entamer le fruit sans l'achever. Le Loir ne paraît pas avoir de préférence bien arrêtée; mais le Lérot s'abat sur les pêches, et le Muscardin sur les noisettes.

TRIBU DES HÉLAMIENS.

La patte postérieure est encore plus longue que dans les Gliriens, ce qui nous annonce des animaux sauteurs par excellence. L'ongle n'est pas recourbé, disposition qui favorise la progression sur le sol, mais refuse la faculté de grimper. Il est long et propre à fouir. Ces animaux se tiennent, en effet, dans des terriers. L'amplitude de l'œil et de l'oreille exprime qu'ils sont nocturnes.

Cette tribu comprend le Gerbille, la Gerboise, le Gerboa et l'Hélamys.

Le Gerbille est un commencement de la Gerboise, c'est-à-dire qu'il en présente les caractères moins développés. Les doigts ne sont pas soudés. Il vit dans les lieux arides.

Le Gerboa diffère de la Gerboise en ce qu'il ne présente que trois doigts. Il est Africain.

C'est surtout à la Gerboise que notre attention doit s'arrêter. Sa patte se termine par cinq doigts : trois grands et deux petits. Elle est d'une extrême pétulance, et son agilité surpasse tout ce qu'on peut imaginer. Elle s'élance, en effet, et disparaît comme une flèche. Les Africains lui ont donné le surnom de Javelot. Pour exécuter le saut, son corps ne porte que sur les pattes postérieures. Mais la queue longue et forte sert de troisième point d'appui. Quand l'animal en est privé, sa démarche est incertaine. La Gerboise fait des provisions qu'elle cache dans son terrier. Elle y dort tout le jour, et passe l'hiver dans une complète léthargie.

L'Hélamys a toutes les allures de la Gerboise. Sa queue aussi longue et plus forte ajoute son action à celle des pattes postérieures pour produire le saut. Comme la Gerboise, il a l'oreille grande et comme elle, il peut, avec les pattes antérieures, porter sous les dents les substances végétales dont il se nourrit. Le biseau de ses dents est peu marqué. Il a cinq doigts en avant et quatre en arrière.

L'Hélamys nous conduit aux Léporiens par ses habitudes comme par ses formes générales, mais il présente une particularité plus remarquable et trop peu remarquée. C'est la présence d'une petite bourse cutanée dont la fonction est inconnue, mais qui nous annonce déjà cette anomalie singulière qui doit caractériser tout l'Ordre des Marsupiaux. Il est terrier. Il habite l'Afrique méridionale et quelques auteurs l'appellent Lièvre sauteur du Cap.

FAMILLE DES COUREURS.

La famille des Coureurs se distingue par la longueur des pattes et par la prédominance de celles de derrière, qui toutefois, ne s'exagèrant point, offrent ainsi la condition la plus favorable à la course.

Cette famille ne comprend qu'une seule tribu, celle des Léporiens.

TRIBU DES LÉPORIENS.

Leur système dentaire les caractérise nettement. Derrière la dent antérieure se trouve placée une toute petite dent dont l'usage est inexpliqué. Un autre caractère tout aussi distinctif, c'est le développement considérable de l'appareil alimentaire.

A cette tribu appartiennent le Lièvre, le Lapin et le Lagomys.

Le Lièvre et le Lapin sont parfaitement établis pour la course. Quoique très-voisins, ces deux Rongeurs présentent des différences d'organisation qui sont en harmonie avec leurs habitudes respectives. Le Lapin est sociable, le Lièvre est solitaire; le Lapin terre, le Lièvre ne terre pas.

Leur course rapide s'exécute par sauts et par bonds, mais toujours le corps porte sur les quatre pattes, tandis que, dans les Sauteurs, la locomotion est confiée seulement aux pattes postérieures. Il est aisé de comprendre pourquoi le Lièvre doit être plus grand que le Lapin, avoir l'oreille plus développée. En effet, plus menacé et n'ayant d'autre sauvegarde que la fuite, il faut bien qu'il ait plus de vitesse et qu'il entende de plus loin; car le Lapin peut, au moindre danger, trouver un refuge dans son terrier. Il est naturel aussi que le Lièvre, dans sa vie nomade, ne puisse rester en famille, tandis que le Lapin peut élever ses petits, qui se trouvent abrités au logis, et qui sont d'ailleurs plus sédentaires. Ceux du Lièvre, sachant par leur instinct qu'ils seraient un embarras pour leurs parents, entrent fort jeunes encore dans leur vie aventureuse.

Cependant, lorsque les circonstances l'exigent, le Lièvre terre et le Lapin ne terre pas. Ainsi, le Lièvre terre en Algérie, pour se garantir des oiseaux carnassiers qui sont très-nombreux dans ce pays; et le Lapin ne terre pas en Espagne, pour échapper aux recherches de la Genette qui abonde dans cette péninsule. Enfin, le Lièvre et le Lapin diffèrent jusque dans les qualités de leur chair. Le Lièvre qui prend plus d'exercice et qui peut aller chercher au loin les plantes de son choix, a la chair plus ferme, plus savoureuse, plus parfumée. Celle du Lapin est moins estimée, même quand il vit en garenne, c'est-à-dire demi-sauvage, ou demi-domestique, parce que sa nourriture est d'abord moins variée, mais surtout parce qu'il a moins d'activité et se trouve privé de l'influence salutaire de la liberté.

Quand le Lapin vit en clapier, c'est-à-dire, en domesticité complète, ses habitudes indolentes et les choux dont on le nourrit par économie, lui donnent une chair molle et fade qui exige, pour auxiliaire, les épices.

Pour mieux courir dans les guérets, pour mieux franchir les buissons, le Lièvre a la queue courte. Le Lapin l'a plus courte encore pour pouvoir mieux circuler sous le sol. Leur couleur est à peu près la même, grise en dessus, blanche en dessous; mais le Lièvre a le bout de l'oreille noir et le Lapin porte à la nuque une tache rousse. La frayeur les domine l'un et l'autre; mais le Lièvre, qui n'a pour gîte qu'une motte de terre, est dans une inquiétude continuelle, dirigeant vers tous les points de l'horizon ses oreilles longues et mobiles, pour être averti du moindre bruit. Quand la moisson est sur pied, ils se cachent parfaitement parmi les blés. Après la récolte, leur couleur qui est à peu près celle des champs, les dissimule à tous les regards. Seul, le chien les perçoit à grande distance par son odorat, et c'est là leur danger principal.

Entre le Lièvre et le Lapin se place le Lièvre dit Variable, parce qu'il présente ce changement de vestiture que nous avons déjà signalé dans l'Hermine. Il est gris durant l'été, et blanc durant l'hiver; mais le bout de l'oreille se maintient noir dans toutes les saisons. Il habite le nord de l'Europe et se montre cependant dans les montagnes du Sud et notamment aux Pyrénées, où il retrouve, à une certaine hauteur, la température froide qui lui convient.

Le Lagomys est plus réduit que le Lapin, car il habite un terrier plus profond. Il a les membres plus égaux et l'oreille plus restreinte. Il n'a pas de queue. Son allure le rapproche beaucoup de la famille des Marcheurs, à laquelle il nous prépare par les proportions de ses pattes, quoique, par la généralité de ses caractères, il soit un véritable Léporien. Il habite la Sibérie. Il fait des amas considérables de foin et, par cet instinct singulier, il est fort utile aux chasseurs qui, forcés de poursuivre les animaux à fourrure dans les déserts glacés, ne pourraient, sans lui, nourrir leurs chevaux. Ces provisions sont disposées en meules d'un mètre et demi d'élévation, ce qui est prodigieux, car le Lagomys n'a guère que le volume d'un Rat. Mais ce qui n'est pas moins remarquable, c'est que ce petit Rongeur ne néglige pas de retourner sans cesse le foin pour le faire sécher.

FAMILLE DES MARCHEURS.

Les pattes sont courtes et presque égales, disposition favorable pour la marche. La conque auditive devient moins longue, mais plus large. La queue se réduit de plus en plus et finit par disparaître. La clavicule manque et, par conséquent, la patte antérieure est limitée dans ses mouvements.

Le pied se dégrade et nous fait entrevoir déjà l'Ordre des Ongulogrades. Les formes sont lourdes. L'animal n'est plus terrier. Il s'abrite dans les fourrés ou parmi les pierres.

Jusque dans ces derniers temps, on a cru que la famille des Marcheurs était exclusivement américaine. Mais la Nouvelle-Hollande, cette terre peuplée d'espèces spéciales, présente un Rongeur, l'Apanotis, que nous devons seulement mentionner ici, car sa biologie est encore fort incomplète.

Cette famille se divise en deux tribus : les Viscaciens et les Caviens, qui se distinguent principalement par les proportions de leur oreille extérieure.

TRIBU DES VISCACIENS.

Cette tribu, dont la conque auditive est encore très-développée, comprend le Chinchilla, la Viscache et le Dolichotis.

Le Chinchilla a l'oreille énorme et l'œil volumineux, ce qui annonce des habitudes crépusculaires. Sa queue est longue. Son pelage grisâtre est très-beau. C'est le seul animal à fourrure de l'Amérique méridionale. Il se tient sur les hautes montagnes et rappelle l'Ecureuil en mangeant assis et se servant de ses pattes antérieures pour porter, sous la dent, les fruits dont il se nourrit. Il a, pour patrie, le Chili.

La Viscache ne diffère du Chinchilla que par de

légers caractères. Et cependant, nous ne devons point négliger ces détails différentiels, car ils sont en parfaite harmonie avec la biologie respective de ces deux Rongeurs si voisins. En effet, tandis que le Chinchilla, qui doit vivre sur les montagnes, a le corps plus petit et conserve quatre doigts à la patte postérieure, la Viscache, qui vit dans la plaine, a des proportions plus grandes et n'a plus que trois doigts à la patte de derrière. Il est aisé d'en conclure que le pelage de la Viscache est très-inférieur à la fourrure du Chinchilla, puisque la robe des animaux se modifie toujours selon le climat. Enfin, la Viscache a l'oreille et la queue moins longues. Et c'est ainsi qu'elle sert de transition naturelle vers le Dolichotis.

Le Dolichotis n'a que trois doigts à la patte postérieure et il est privé de queue. Ses conques auditives sont encore assez grandes.

TRIBU DES CAVIENS.

Cette tribu se distingue de la précédente par la réduction plus ou moins complète de la conque auditive et de la queue.

Elle comprend le Kérodon, le Cobaye, l'Agouti, le Cabiai et le Paca.

Le Kérodon nous prépare aux Pachydermes par un caractère qui lui est particulier parmi les Rongeurs. Ses dents présentent une sorte de dépôt de cément fort remarquable.

Le Cobaye, que le vulgaire appelle Cochon d'Inde, a le corps trapu, les oreilles courtes ainsi que les pattes, et n'a pas de queue. Il habite principalement le Brésil, et se tient dans les broussailles. Il est signalé surtout par le grand nombre de ses petits. La vie domestique a produit sur cet animal une modification singulière. A l'état sauvage, le Cobaye est d'une couleur sombre; mais, dans la domesticité, sa robe est bigarrée de roux, de noir et de blanc. L'étude de ses mœurs n'offre pas un grand intérêt. Il a des habitudes indolentes et n'est guère élevé en Europe que pour servir aux expériences physiologiques.

L'Agouti a les quatre pattes d'égale longueur. Il reprend l'oreille longue, caractère des animaux du désert, car il habite les pampas de l'Amérique méridionale. Il est appelé Lièvre des pampas. Sa fourrure assez belle est d'un brun piqueté.

Le Cabiai est le plus grand des Rongeurs. Il est presque aussi grand qu'un chien ordinaire. Et cette amplitude de la taille annonce qu'il doit vivre dans les lieux humides. En effet, il fréquente les eaux et nage très-bien, quoique sa patte ne soit que légèrement palmée. Mais la natation est singulièrement favorisée par la forme allongée de sa tête et de son corps. Ce Rongeur nous intéresse en ce qu'il établit un point de contact entre les Pilifères terrestres et les Pilifères aquatiques. Il a, pour patrie, l'Amérique méridionale.

Le Paca a pour caractère distinctif la présence de

cinq doigts à la patte postérieure. Il habite le Brésil. Quoique ses pattes ne soient pas palmées, la présence de cinq doigts à celles de derrière en fait une sorte de rame dont l'animal se sert avec adresse.

Sous le rapport de l'économie domestique, il est à regretter que le Cabiai et le Paca ne soient pas encore introduits en Europe; car ils se nourrissent de plantes aquatiques et peuvent ainsi convertir en chair comestible des végétaux que nos Rongeurs n'utilisent point. Les soies rares dont ils sont couverts nous indiquent que leur acclimatation pourrait être commencée par le Midi de la France.

ORDRE DES ÉDENTÉS.

Les Édentés ne mâchent pas. Et ce caractère distinctif semblerait, d'abord, les faire descendre à un degré plus inférieur de la série zoologique. Mais ils portent dans la patte un caractère de supériorité qui les rapproche des Rongeurs, et qui les place au-dessus des Ongulogrades. Cette patte est, en effet, terminée par un système digital distinct et puissant. D'ailleurs, le système dentaire, qui avait déjà perdu son importance dans l'Ordre des Rongeurs, n'a plus ici la moindre signification, car c'est précisément parmi les Édentés que se trouve le plus denté de tous les Pilifères. Ainsi, le mot Edenté ne veut pas dire essentiellement que l'animal est privé de dents, mais seulement qu'il ne s'en sert point, pour triturer ses aliments, alors même que son râtelier est plus ou moins complet. Toutefois, l'absence de mastication entraîne la déformation de la langue qui n'est plus chargée d'être l'auxiliaire des dents, pour l'acte préparatoire de la digestion. En effet, la langue s'amincit et s'allonge.

Le tégument des Edentés exprime un autre caractère de dégradation. La plupart d'entr'eux sont revêtus d'écailles solides. Il en résulte que la peau est devenue éminemment protectrice, mais qu'elle est dépourvue de sensibilité.

Le régime alimentaire des Edentés est assorti à la faiblesse et à l'inertie de leur mâchoire. Les premiers d'entre eux retiennent encore un caractère des Rongeurs, car ils mangent des végétaux en y associant plus ou moins des insectes. Mais tous les autres sont insectivores. Sous ce rapport, ils semblent déroger à la loi de balancement que Dieu a établie entre les animaux et la proie dont ils se nourrissent; car tous les Edentés sont assez volumineux et les insectes qu'ils recherchent sont exigus. Mais, en réalité, cette loi souveraine est respectée, car les Edentés ne mangent pas les fourmis une à une. Ils les prennent en masse, et pour être exact, il faudrait dire qu'ils se nourrissent non de fourmis, mais de fourmilières.

Les Edentés sont des fouisseurs ou des grimpeurs parfaitement secondés par leurs ongles forts et recourbés.

Leur régime et leur tégument nous annoncent

qu'ils doivent avoir, pour patrie, la zone torride. Mais leur distribution géographique manifeste une autre particularité.

C'est que les Edentés sont inégalement répartis dans les continents, afin d'être plus nombreux dans les régions où leur utilité est plus grande. Ainsi, des trois familles qui composent cet Ordre, il en est une exclusivement américaine, une autre se partage entre l'Amérique et l'Océanie, la troisième est propre à l'Ancien Continent. Ces trois familles sont les Dasypiens, les Mirmécophagiens et les Maniens. Leur classification repose sur l'état de leur système dentaire et sur la nature de leur tégument.

Mais, d'abord, parlons d'une famille singulière qui doit avoir ici sa place.

FAMILLE PARTICULIÈRE

DES BRADYPIENS.

Nous avons dit, page 41, que nous aurions pu passer des Primates aux Edentés par le Bradype (ou Paresseux). En effet, les Bradypiens retiennent quelques formes dégradées du Primate, et leur premier aspect pourrait leur donner les apparences du Singe. Mais, par d'autres caractères, ils touchent essentiellement aux Edentés.

Le Bradypien ne peut donc entrer, d'une manière absolue, ni dans l'Ordre des Primates, ni dans celui des Edentés. C'est un être mixte, qui porte, mélangés, les caractères de ces deux Ordres. Les classificàteurs l'ont ballotté d'un extrême à l'autre, pour lui donner un rang sérial. Il est plus simple et plus exact de dire que le Bradype est une dérivation du Singe vers les Edentés.

Le Bradypien a la taille d'un Chat, la tête arrondie, le museau court, la queue rudimentaire. Son pelage est gris, long et grossier. Ses quatre membres sont terminés par des ongles très-recourbés et très-forts. Mais les membres antérieurs sont tellement prédominants que, pour exécuter la marche, le Bradype appuie l'avant-bras jusqu'au coude. La paume de la main et la plante du pied sont tournées en dedans. Cette disposition le rend très-agile sur les arbres et très-disgracieux sur le sol. Les ongles sont fléchis dans le repos, ce qui les rend propres, même durant le sommeil de l'animal, à remplir les fonctions de solides crochets.

Cette famille comprend le Bradype et l'Unau. Elle a, pour patrie, l'Amérique méridionale.

Le Bradype ne mérite pas le titre de Paresseux. Bien moins encore, devons-nous admettre cette autre erreur de Buffon qui le regardait comme un être inachevé. Cet illustre naturaliste n'avait pas vu l'animal vivant. Il l'avait jugé sur un individu empaillé, et l'étrange conformation des pattes et des doigts lui avait fait supposer que le Bradype était tellement ennemi du mouvement qu'après avoir mangé toutes les feuilles d'un arbre, il préférait se laisser mourir de faim que de se transporter sur les arbres du voisinage. En réalité, le Bradype grimpe facilement, et c'est précisément cette conformation de la patte et des doigts qui favorise sa locomotion sur les arbres.

Un naturaliste français apporta naguère un de ces animaux qui, placé sur le pont du navire, se refusait au mouvement. Mais, dès que l'animal eut atteint un cordage, il parcourut les agrès avec une prestesse dont tout l'équipage fut surpris.

Au lieu d'être *un jeu de la nature*, le Bradype présente des harmonies spéciales qu'on a méconnues, parce que l'animal est nocturne et qu'on a voulu le juger sous l'influence de la lumière. Bien plus, le Bradype est fait pour grimper sur les arbres, et on a voulu le juger en le plaçant sur le sol. Or, si tout lui est obstacle pour la marche, tout lui est auxiliaire pour le grimpement. Et tandis que le moindre rayon solaire l'éblouit, son regard est à l'aise dans l'obscurité. Sur la terre, l'allure du Bradype est lente et embarrassée. L'animal, dans l'intervalle de ses repas, est même assez indolent. Pour dormir, il se suspend aux trois crochets qui terminent ses quatre membres, ou bien, il s'accroupit entre des branches choisies, ramenant sa tête sur la poitrine et s'enveloppant de ses bras qui sont très-longs.

On s'est demandé comment le Bradype a pu se conserver jusqu'à nous et se défendre des animaux carnassiers. Mais, d'abord, sa vie sylvestre le dérobe aux carnassiers qui ne peuvent grimper sur les arbres; et, quant aux carnassiers grimpeurs, le Bradype se protége contre eux par sa prudence et, au besoin, par ses ongles qui sont des armes suffisantes, car les carnassiers grimpeurs sont, en général, petits et faibles. Ce qui étonne le plus dans cet animal, c'est la ténacité de la vie. M. de Lalande essaya vainement de faire étrangler un Bradype, au moyen d'un nœud coulant, par des mains vigoureuses. Mais, après des efforts soutenus durant plus d'une heure, M. de Lalande fut obligé, pour achever le Bradype, de le faire submerger dans un bain d'alcool.

L'Unau diffère peu du Bradype. Il a, pour caractère distinctif, deux crochets, au lieu de trois, à l'extrémité de la patte.

FAMILLE DES DASYPIENS.

Les Dasypiens ont un tégument auquel rien ne nous a préparés. Ce sont des plaques osseuses qui leur donnent brusquement un des caractères des reptiles. Mais n'oublions pas qu'ils ont des pattes terminées par des doigts libres et qui sont ainsi des instruments de travail. C'est, en effet, sur la conformation de la patte antérieure que réside la classification des Pilifères, et, à ce titre, les Edentés prennent rang après les Rongeurs. Le système dentaire des Dasypiens les signale comme supérieurs parmi les Edentés. Le nombre de leurs dents est variable, mais leur forme est similaire. L'animal est omnivore, et toutefois il préfère les végétaux. Ses habitudes fouisseuses sont évidentes, car les ongles, bien que différemment conformés dans les divers genres, constituent toujours une pioche puissante.

Les plaques épidermiques sont disposées en bandes régulières et transversales. Elles ne sont réunies entre elles que par une peau ordinaire et, par conséquent, flexible. Les éléments de fourrure sont rares et naissent dans l'intervalle des plaques. Les Dasypiens peuvent se fléchir plus ou moins et quelques espèces ont la faculté de se tourner en boule. La queue est couverte de plaques comme le corps. Leur enveloppe est donc éminemment protectrice. Lorsque l'animal veut se mettre à l'abri du danger, la tête et les pattes s'appliquent sur le corps et les rangées de plaques se mettent au contact.

A cette famille appartiennent le Tatou, le Tatusie, le Priodonte, le Clamyphore, l'Apar et le Cachicame. Tous sont américains. Dans les quatre premiers, la patte antérieure porte cinq doigts, tandis que, dans les deux derniers, elle n'en a que trois.

Le Tatou a la boîte cérébrale moins réduite que dans les autres Edentés, car le nombre restreint de ses dents permet au museau d'être assez court, quoique cependant très-effilé. Ses oreilles sont longues. Il porte un bouclier sur la tête, sur les épaules et sur la croupe. Il habite le Brésil. C'est un

Fouisseur si expéditif, qu'il disparaît instantanément sous le sol.

Le Tatusie a l'ongle plus fort que le Tatou. Ses plaques forment des bandes nombreuses. Il a, pour patrie, la Guyane.

Le Priodonte a les ongles excessivement forts. Celui qui termine le doigt médian est seul aussi grand que le reste du membre. Cet ongle énorme suffirait pour exprimer que le Priodonte est fouisseur par excellence. Son museau s'exagère en longueur, pour donner place à 96 dents. Si l'on attachait au système dentaire toute l'importance que lui attribuait l'illustre Cuvier, le Priodonte devrait être placé en tête de tous les animaux; mais nous savons que déjà, depuis les Rongeurs, le système dentaire n'a plus qu'une valeur très-secondaire. Le Priodonte a seulement deux boucliers, l'un sur les épaules, et l'autre sur la croupe. Quoique volumineux, il se tient profondément dans le sol. On ne le trouve que dans le Paraguay.

Le Clamyphore n'a pas de bouclier et porte cinq doigts à chaque pied. Les ongles antérieurs sont aplatis obliquement. Il présente cette particularité que la queue se replie au-dessous du corps. Il appartient au Chili.

L'Apar a neuf ou dix dents toutes similaires. Sa queue est courte et plate. Les plaques sont disposées en trois bandes mobiles; mais, sur quelques points, plusieurs plaques se réunissent pour former des boucliers. Celui qui couvre la tête est très-long.

La beauté et l'harmonie de son tégument sont véritablement remarquables. Il habite l'Amérique méridionale.

Le Cachicame habite principalement Cayenne. Il se distingue de l'Apar par quelques points : il a moins de dents, la queue longue et arrondie et plusieurs séries de plaques. Il en diffère surtout par le pied. Cuvier lui-même avait pu méconnaître cette différence et confondre ces deux Edentés, car l'individu envoyé au Muséum était factice. Il avait le tégument de l'Apar, mais on y avait ajusté des pattes de Cachicame.

FAMILLE

DES MYRMÉCOPHAGIENS.

Les Myrmécophagiens (mangeurs de fourmis) sont exclusivement insectivores. Ils sont privés de dents et revêtus d'un cuir très-épais que recouvrent des crins ou des soies raides et grossières. Le trait qui les caractérise tout d'abord, c'est l'extrême longueur du museau et, par conséquent, la réduction inverse du crâne. Leur bouche est très-petite. Ils en font sortir une langue filiforme et visqueuse. Cette langue gluante retient tout corps léger qui la touche. Elle est très-extensible et revient facilement sur elle-même. Il en résulte qu'elle rend inutile toute action des dents, car elle livre immédiatement à la déglutition les fourmis qui s'y sont prises.

L'extensibilité de la langue est en rapport direct avec l'exiguïté de la bouche. La fonction de saisir ne pouvant plus être exercée par les mâchoires, se trouve confiée à la langue qui devient ainsi un organe de préhension d'autant plus favorable qu'elle est longue et déliée. Or, c'est l'élongation du museau qui produit simultanément le double effet, de réduire l'ouverture de la bouche et de ménager à la langue plus de longueur.

Cette famille comprend l'Oryctérope, le Tamanoir, le Tamandua et le Dionyx.

L'Oryctérope conserve encore des dents, ou plutôt sa mâchoire est garnie d'une multitude de petits tubes formés d'une substance écailleuse. Il est couvert de soies courtes, qui sont d'un gris sale. Ses ongles robustes le signalent comme essentiellement fouisseur. Il est nocturne et terrier. Il a l'oreille longue. Et ce caractère, si remarquable dans les animaux d'Afrique, nous indique que sa patrie est bien différente de celle des autres Myrmécophagiens, qui ont tous l'oreille courte. Il habite, en effet, le Cap de Bonne-Espérance.

Le Tamanoir, ou Myrmécophage, a la taille d'un Chien. Il porte une crinière et sa queue est longue et touffue. Mais ce qui le distingue principalement, c'est l'exagération du museau, qui détermine une extrême réduction de la tête. Cet allongement de la face est tellement excessif, qu'on ne trouve rien de comparable dans aucun autre Vertébré. Le Tamanoir est solitaire et dort beaucoup. Mais il est courageux et trouve, dans ses ongles vigoureux et tranchants, des armes suffisantes pour repousser même le Jaguar. Il a, pour patrie, la Guyane et surtout Cayenne. Il y est utile, car il dévaste les fourmilières et les nids de Termites.

Le Tamandua est beaucoup plus petit, car il doit grimper sur les arbres. Cette circonstance biologique est exprimée par sa queue qui, légèrement préhensile, peut s'accrocher aux branches. Il habite le Brésil. Il porte, en effet, dans sa queue prenante, le caractère américain, comme l'Oryctérope portait, dans son oreille longue, le caractère africain.

Le Dionyx est encore plus petit que le Tamandua, parce qu'il est, en effet, plus arboricole. On comprend qu'à mesure qu'un animal est plus spécialement destiné à vivre sur les arbres, il doit atténuer son volume et son poids : son volume, pour mieux circuler parmi les branches; son poids, pour ne point fatiguer l'arbre qui lui donne l'hospitalité. Du reste, cette hospitalité n'est pas gratuite, car le Dionyx attaque les Fourmis et d'autres insectes qui détruisent si vite les végétaux les plus robustes. C'est encore un Édenté propre à l'Amérique méridionale. Il importe de le distinguer du Tamandua, d'abord, parce que sa queue est fortement prenante et puis, parce qu'il n'a que deux doigts en avant et quatre en arrière, tandis que, dans le Tamandua, la patte antérieure est terminée par quatre doigts et la patte postérieure par cinq. Et, pour rappeler ici cette admirable loi du balancement des organes, ajoutons que si, comme Grimpeur, le Dionyx est diminué dans son système digital, il trouve plus qu'une simple compensation dans la puissante préhensilité de sa queue.

Nous devons citer un fait biologique que présente le Dionyx. Les petits, dans leur premier âge, se placent souvent sur le dos de leur mère. Ils s'y tiennent accrochés par leurs ongles ; mais, pour les y mieux maintenir, la mère relève et tend sa queue vers la tête, afin que les petits puissent enrouler leur queue à la sienne.

FAMILLE DES MANIENS.

Cette famille est dégradée par le tégument comme les Dasypiens, et par les dents comme les Myrmécophagiens. Les grandes écailles qui couvrent l'animal lui donnent même l'aspect d'un reptile. Mais il a toute l'organisation intérieure des Édentés. Du reste, c'est un véritable Pilifère, car il présente des soies qui sont, il est vrai, très-rares ; et d'ailleurs les écailles elles-mêmes ne sont que des soies agglutinées. Ces écailles, superposées à la manière des ardoises de nos toits, sont tranchantes et, lorsque le Manien se met en boule, elles se relèvent défensives comme les piquants du Hérisson. Les Maniens sont essentiellement terrestres, comme l'expriment leurs ongles robustes et tranchants. Leur bouche et leur langue répètent celles de la famille précédente. Ils sont exclusivement insectivores.

La famille des Maniens ne comprend aujourd'hui qu'un seul genre formé de deux espèces : le Pangolin des Indes-Orientales et le Pangolin d'Afrique.

Le Pangolin des Indes-Orientales a plus d'un mètre de longueur. Sa queue est large et courte. Sa patte porte cinq doigts. Le Pangolin d'Afrique est plus petit. Sa patte n'a que quatre doigts. Sa queue très-longue, à rebord tranchant, animée de muscles très-forts, doit avoir une destination essentielle, que la science n'a pas encore dévoilée.

Nous ne pouvons terminer cet Ordre sans faire remarquer que l'Europe n'a pas un seul Édenté. C'est que, pour elle, les fonctions de ces utiles animaux sont remplies par l'Hiver, qui vient périodiquement y limiter la propagation des Insectes.

ORDRE DES ONGULOGRADES.

Cet Ordre est parfaitement caractérisé par la patte qui s'est changée en colonne, c'est-à-dire, qui n'est propre qu'à la marche et ne peut plus être un instrument de travail, un organe d'industrie. Le système digital s'est modifié dans le même sens. Les doigts sont courts, rigides et plus ou moins enveloppés par les ongles, qui finissent par former ainsi des sabots. Tous les Ongulogrades sont privés de clavicule, de cet os antérieur qui favorisait les mouvements latéraux de la patte. Le système dentaire, qui a déjà perdu toute son importance, est ici très-variable. Mais les dents, par harmonie avec les ongles, ont leur couronne plate. Le régime végétal est presque exclusif dans tous ces animaux.

L'Ordre des Ongulogrades comprend le Sous-Ordre des Pachydermes et le Sous-Ordre des Ruminants (1).

ONGULOGRADES-PACHYDERMES.

Ce qui frappe d'abord, dans le Sous-Ordre des Pachydermes, c'est que les familles qui le composent sont fort distancées les unes des autres. Elles laissent ainsi des vides qui sont remplis, il est vrai, par des espèces qui n'existent plus aujourd'hui, mais que la Géologie retrouve de jour en jour. En effet, les Pachydermes sont les Pilifères qui ont fourni le plus de fossiles; et ces restes, si merveilleusement conservés, sont précieux pour la science, car ils établissent l'unité de plan dans les œuvres du Créateur. Cette circonstance est d'autant plus heureuse, que dans la zoologie actuelle des Pachydermes, chaque famille ne présente, le plus souvent, qu'un seul genre. C'est ici surtout que le génie de Cuvier s'est

(1) En général, on fait deux ordres distincts des Pachydermes et des Ruminants. Mais, d'après le principe de la subordination des caractères, il n'y a pas un trait positif assez important pour distancer à ce point les Pachydermes et les Ruminants.

élevé lui-même un impérissable monument. (1). Toutefois, la nature vivante nous offre, dans nos Pachydermes actuels, une famille qui relie toutes les autres en réunissant des caractères propres à chacune d'elles.

Ce Sous-Ordre comprend six familles : les Éléphantiens, les Tapiriens, les Rhinocériens, les Hippopotamiens, les Suicns, et les Equiens.

Toutefois, nous n'entrons pas brusquement dans les Pachydermes, nous n'y arrivons que par l'intermédiaire du Daman, petit animal qui, par sa taille et par sa barre, rappelle encore les Rongeurs, et qui, dans son système digital, porte à la fois un ongle comme les Édentés et des sabots comme les Pachydermes. Le Daman, Rhinocéros en miniature, est faible et petit. Il n'a pas de queue, et se cache dans les fentes de rocher. Il habite le Cap de Bonne-Espérance.

FAMILLE DES ÉLÉPHANTIENS.

L'Éléphant est établi sur un type étrange et qui semblerait d'abord en faire un être à part. Sa colonne est cylindrique et massive. Tout y est sacrifié

(1) Nous ne pouvons citer un naturaliste géologue, sans permettre à notre âme de rappeler un de ses religieux souvenirs. La science a perdu M. de Blainville. Espérons que l'Académie des Sciences réunira les précieux travaux qu'a faits, sur les fossiles, ce génie généralisateur, qui a étudié la nature comme on doit étudier toutes les œuvres de Dieu, c'est-à-dire, par l'intelligence et par le cœur.

à la solidité, car il s'agit de soutenir et de mouvoir le plus lourd des animaux terrestres. L'ongle ne forme pas encore un sabot et même ne correspond pas toujours au bout des doigts, qui sont au nombre de cinq. Ces doigts, cachés à l'intérieur, sont courts mais complets. L'animal marche véritablement sur une semelle formée d'une peau épaisse.

Le système dentaire est tout aussi spécial. Tandis que les dents, chez tous les animaux qui précèdent, poussent verticalement, les unes de bas en haut et les autres de haut en bas, celles de l'Éléphant se portent d'arrière en avant, de telle sorte que la partie antérieure est la plus développée et s'use avant la partie postérieure, qui vient ensuite s'user à son tour. Chaque dent se renouvelle sept fois. Elles sont au nombre de trois à chaque mâchoire; mais il n'y a réellement que la dent médiane qui soit complète, car celle qui la précède est déjà plus ou moins usée, tandis que celle qui suit commence seulement à se développer. Indépendamment de ces molaires, la mâchoire supérieure porte, profondément implantées, deux énormes défenses entourées d'émail. Les deux défenses sont assez écartées l'une de l'autre et elles se relèvent pour servir à la fois d'arme défensive et d'instrument de travail. Les couches annuelles d'ivoire sont concentriques comme les couches ligneuses d'une tige d'arbre, et présentent aussi des rayons qui se dirigent du centre vers la circonférence. C'est à ce caractère que se reconnaît, dans le commerce, le véritable ivoire.

Parfois, deux hommes suffisent à peine pour porter une seule de ces défenses. Un poids aussi considérable nous annonce que le cou doit être épais et court, pour pouvoir supporter la tête qui est elle-même assez volumineuse. Du reste, le crâne ne traduit ni la forme ni le volume du cerveau. Le trait le plus éminemment caractéristique de l'Éléphant, c'est sa trompe. Cet immense développement des narines est un véritable nez, car elles sont parfaitement séparées par une cloison et animées de muscles qui leur sont propres. Ceci nous indique un odorat fort intense. Mais la trompe remplit encore d'autres fonctions. Elle est le siége d'un toucher fort délicat. Elle se termine par une sorte de main qui ne présente, il est vrai, que deux doigts ou même un seul, mais qui compense cette imperfection digitale par l'extrême souplesse du manche qui lui sert de bras.

La peau de l'Éléphant est singulièrement protectrice et presque invulnérable. La queue est fort réduite. L'œil est petit. L'oreille est pendante. L'Éléphant, qui fréquente les forêts marécageuses de la zone torride, où les roseaux croissent si vite, se baigne souvent par régime comme par propreté. Mais il ne nage point. Il marche au fond de l'eau et laisse à la surface l'extrémité de sa trompe, pour rester en communication avec l'atmosphère, quoique submergé. L'Éléphant est herbivore, il préfère les roseaux et les racines des arbres. Il boit en se servant de sa trompe comme d'une pompe aspirante et foulante. Toutefois, à l'époque de la lactation, le jeune Éléphant se sert de ses lèvres et non de sa trompe.

Naturellement paisible dans le sentiment de sa force, l'Éléphant n'est pas agressif. En présence de l'homme, il aime mieux fuir que combattre. Mais, s'il est forcé de se défendre, il devient redoutable. Cependant, il peut se soumettre à une sorte de domesticité, et rendre alors des services dont l'Histoire elle-même a conservé le mémorable souvenir.

Dans la nature vivante, il n'y a que deux espèces d'Éléphants : celui d'Asie, qui a l'oreille médiocre et ne présente qu'un seul doigt à la partie supérieure de la trompe; celui d'Afrique, qui a l'oreille très-grande et dont la trompe se termine par deux doigts opposables. L'un et l'autre ne sont couverts que de soies fort rares.

Mais la Géologie a retrouvé dans les régions boréales une espèce d'Éléphant qui, destiné à vivre dans un climat froid, porte une vestiture assortie, c'est-à-dire, formée de laine et de soies.

L'Éléphant peut atteindre jusqu'à cinq mètres de longueur et trois mètres de hauteur.

L'Éléphant asiatique offre une variété albine, mais rare. Cet Éléphant blanc est très-vénéré des Indous, parce que, dans leurs idées de métempsycose, ils croient que, jusqu'au moment de la résurrection, les âmes de leurs princes résident dans ces Éléphants privilégiés.

FAMILLE DES TAPIRIENS.

Le Tapir offre une étude fort intéressante. Non-seulement, il retient quelques caractères des Rongeurs, mais encore il relie entre elles toutes les familles des Pachydermes. Il a une trompe comme l'Éléphant, trois doigts à la colonne postérieure comme le Rhinocéros, quatre doigts à la colonne antérieure comme l'Hyppopotame, six incisives comme le Cheval, et enfin la structure générale et les habitudes du Porc.

Bien plus, il réunit tout ce qu'on peut désirer dans un animal domestique; et, par conséquent, il devrait être introduit en Europe. Il est très-facile à nourrir, il a une chair analogue à celle du Porc, il a la taille d'un Ane, il est tellement sociable que, sous ce rapport, il ne le cède qu'au Chien. Nous devons même ajouter qu'il se lie d'affection et bien vite avec tous les animaux et même avec le Singe. Ainsi, on remarque avec surprise qu'il peut introduire sa trompe dans la loge des Singes, au moment critique où ceux-ci prennent leur repas et, plus hardi ou plus heureux que le gardien lui-même, il ose leur enlever les fruits qu'ils ont déjà saisis. A l'état adulte, le Tapir est d'une couleur sombre; mais, dans le jeune âge, sa robe est rousse avec des taches blanches. Sa boite cérébrale est très-petite. Sa queue est courte.

L'espèce la plus commune est propre à l'Amérique. Elle fut longtemps la seule que connurent les naturalistes, et Buffon, pour confirmer son admirable principe des proportions relatives entre les animaux des deux continents, crut pouvoir écrire que l'Éléphant de l'Ancien Continent était représenté, dans le Nouveau, par le Tapir. Mais, dans ces derniers temps, on a découvert à Sumatra une espèce nouvelle, qui est blanche en dessus et en dessous, avec les colonnes noires ainsi que la tête et le cou. Buffon ne s'est donc trompé qu'à demi, car ce Tapir différant de celui d'Amérique et par la taille et par la coloration, est une confirmation du principe posé par cet éminent naturaliste.

Les Tapirs vivent en troupes dans la profondeur des forêts.

FAMILLE DES RHINOCÉRIENS.

Le Rhinocéros est volumineux. Sa boite cérébrale est très-petite. Chaque colonne n'a que trois doigts; celui du milieu est le plus long. Son système dentaire est plus nombreux que celui de l'Éléphant. Son tégument, presque nu, est d'une extrême épaisseur et s'est incrusté de telle sorte que toute sensibilité s'y trouve supprimée. La balle d'une arme à feu n'y peut même pénétrer, si la direction en est oblique. Toutefois, sur quelques points, la peau forme des replis où elle reste flexible, afin de permettre le déplacement de l'animal. Le Rhinocéros marche avec lenteur. Le cou lui-même est, comme les colonnes, très-limité dans ses mouvements. Sous ce rapport, c'est le Pachyderme par excellence. Mais un caractère plus spécial et plus distinctif, c'est la corne singulière qui lui donne un aspect exceptionnel. Au point de vue scientifique, cette corne est remarquable par sa nature et par sa position. Elle est formée de crins qu'on distingue très-bien à la base, mais qui s'agglutinent et se confondent au sommet. Cette corne s'élève sur la région nasale où, par conséquent, il faut qu'elle trouve un solide point d'appui. Elle persiste tellement à rester dans la ligne médiane que, dans l'espèce qui a deux cornes, celles-ci ne se placent pas latéralement, mais à la suite l'une de l'autre.

Le Rhinocéros unicorne et le Rhinocéros bicorne, quoique distribués dans des régions différentes, appartiennent exclusivement à l'Ancien Continent. Le premier est propre à l'Asie et le second, à l'Afrique. Leur couleur est presque boueuse.

Le Rhinocéros habite les marécages et peut y circuler sans péril parmi les reptiles les plus dangereux. Quoiqu'il soit doué d'une force prodigieuse et merveilleusement protégé, il n'attaque jamais ni l'homme, ni les animaux. Mais, si le chasseur l'attaque lui-même ou menace ses petits, il se fait de sa corne une arme formidable. Du reste, cette chasse est à la fois très-difficile et très-dangereuse. Ce qu'on estime le plus dans la dépouille du Rhinocéros, c'est la corne, dont on fait des coupes fort estimées dans l'Inde.

FAMILLE DES HIPPOPOTAMIENS.

L'Hippopotame est un Pachyderme mieux conformé pour la natation que pour la marche. Il établit ainsi un nouveau point de contact entre les Pilifères terrestres et les Pilifères aquatiques. Il est massif, mais assez allongé. Ses colonnes portent quatre doigts. Le sabot de chaque doigt est convexe à droite et à gauche, c'est-à-dire, sur le même type que celui du Rhinocéros, du Tapir et de l'Éléphant.

Les colonnes sont si courtes que, dans la marche, le corps traîne sur le sol. Aussi la translation de l'animal est lourde et lente, quand il se meut hors de l'eau. Mais il nage avec vitesse. Sa peau très-épaisse, noire et lisse, est plus propre à supporter l'action de l'eau que celle du soleil. Sa queue est médiocre. Ses dents sont en forme de pavé, mais chaque mâchoire porte deux défenses. Celles de la mâchoire inférieure sont les plus développées. Elles sont arquées et fortement taillées en biseau. De plus, elles sont séparées l'une de l'autre par deux dents horizontales qui se portent en avant, mais qui restent coniques. Ce singulier système dentaire reste caché sous les lèvres, mais il oblige le museau à se terminer par un grand élargissement, et cette particularité est très-remarquable, car, dans tous les animaux, le museau s'atténue à son extrémité. Les yeux sont petits, très-latéraux et très-superficiels. Les conques auditives sont courtes. Les narines sont demi-circulaires.

La patrie de l'Hippopotame est restreinte. Il habite l'Afrique et surtout le Sénégal et l'Hottentotie. Il se nourrit de feuilles et de joncs. Il se jette aussi dans les champs de canne à sucre et de millet. Il préfère les lacs aux fleuves et, pour parler exactement, nous pouvons ajouter que c'est un animal qui se tient habituellement dans l'eau, mais qui va fréquemment à terre.

Les dentistes emploient quelquefois ses dents pour établir des râteliers artificiels. L'ivoire de ses défenses est parfait, mais l'industrie n'en peut tirer un grand parti, parce que, par leurs proportions, elles sont bien inférieures à celles de l'Éléphant.

FAMILLE DES SUIENS (1).

Cette famille est caractérisée par le pied qui est fourchu. Cette forme résulte de ce que les sabots des deux grands doigts médians sont convexes en dehors, mais se touchent en dedans par une surface aplatie. Le développement de ces deux doigts effectifs réduit, à l'état rudimentaire, les deux doigts externes, qui ne peuvent ainsi s'appuyer sur le sol. Ces petits doigts ne sont pas cependant inu-

(1) Du mot latin *sus*, porc.

tiles, car ils servent à enrayer le glissement, lorsque l'animal descend une pente rapide. La colonne est ici plus allongée, car nous rentrons dans des espèces plus terrestres. Le corps est trapu et ne dépasse guère la moyenne taille des Pilifères. La peau, assez épaisse, est couverte de soies raides, entremêlées de quelques éléments laineux. Soutenu par des os très-longs, le nez se termine en boutoir, ce qui indique un odorat très-développé. L'appareil nasal est amplifié, non-seulement par l'allongement du museau, mais encore par les cavités profondes qui pénètrent jusque dans les os du crâne. Et, comme le plancher de l'odorat est en même temps la voûte du palais, il en résulte que l'appareil buccal se trouve considérablement augmenté. Les mâchoires portent un plus grand nombre de dents. La gloutonnerie est donc un des caractères de cette famille, qui tient beaucoup plus à la quantité qu'à la qualité de l'aliment. Les deux tiers de la tête constituent la face de l'animal. Il s'ensuit que la partie crânière est fort réduite, ce qui entraîne la dégradation de l'instinct. La queue est courte et se relève en se contournant sur elle-même. Cette famille se distingue de tous les Pachydermes par deux points importants : elle présente plusieurs genres, et, dans chaque genre, un grand nombre de petits.

La famille des Suiens comprend le Sanglier, le Babiroussa, le Phacochère et le Pécari. Ils sont, en général, peu sociables et vivent par petites troupes dans les forêts.

C'est par le système dentaire que se distinguent principalement ces quatre genres. Le Sanglier n'a de véritables défenses qu'à la mâchoire supérieure. Dans le Babiroussa, les défenses sortent de la bouche en perçant la peau. Le Phacochère présente, à chaque mâchoire, des défenses qui se tordent sur elles-mêmes et ressemblent à des cornes. Le Pécari n'a pas de défenses.

Le Sanglier a le pelage noir et il est originaire de l'Inde. Il nous intéresse d'une manière spéciale, car c'est de lui que dérive le Porc, aujourd'hui répandu dans presque toutes les parties de l'Europe. La vie domestique a profondément modifié, dans le Porc, les conditions primitives du Sanglier. Mais toutes ces modifications sont la conséquence naturelle des circonstances dans lesquelles l'animal se trouve placé. Le Sanglier, plus menacé que le Porc, a des défenses plus fortes, un tégument plus protecteur. L'exercice qu'il est obligé de prendre pour suffire à ses besoins, accroît sa puissance musculaire, et l'action incessante des intempéries de l'air, donne à ses soies plus d'abondance et plus de raideur. Mais, soumis aux inquiétudes de la vie sauvage, aux privations que lui impose le voisinage de l'homme, il reste maigre, tandis que le Porc, dans sa vie de repos et de bien-être, devient plus volumineux et plus gras, comme aussi, il produit un plus grand nombre de petits. Quelquefois même, le Porc est comme un amas de graisse et n'a plus la force de se porter lui-même à l'abattoir. Du reste, la matière graisseuse tend, de plus en plus, à prendre la place des muscles et forme, sous la peau, une couche épaisse qu'on appelle lard.

L'intensité de l'odorat est utilisée dans le Porc, pour la recherche des truffes. En effet, cet animal grossier les découvre même à travers la neige, qui cependant intercepte, pour nous, toute espèce d'odeur. Facile à nourrir, le Porc est une véritable richesse pour l'économie domestique. Sa chair constitue la base essentielle de la charcuterie, qui la prépare et la vend sous des noms différents et sous des formes diverses (1).

Le Babiroussa a les colonnes plus longues, ce qui lui a fait donner le nom de Cochon-Cerf. Il habite l'Archipel des Molluques.

Le Phacochère est africain. Ses quadruples défenses suffiraient pour lui donner un aspect fort étrange. Mais il faut ajouter que, de plus, il a les yeux placés fort en arrière. La science ne peut nous dire à quoi correspondent des caractères si singuliers.

Le Pécari appartient à l'Amérique méridionale. Ses canines sont trop peu développées pour mériter le nom de défenses. Il n'a pas de queue, et il est plus petit que le Sanglier qui, lui-même, n'est pas aussi grand que le Babiroussa et le Phacochère. Mais précisément, parce qu'il est plus petit et plus

(1) Nous avons cru devoir consacrer à cet animal domestique un chapitre de notre *Histoire Naturelle, dans ses applications géographiques, historiques et industrielles.*

faible, il est aussi plus sociable. Il porte, en arrière, une glande odorifère, qui ne permet guère d'espérer que sa chair puisse devenir comestible.

FAMILLE DES EQUIENS (1).

Les Equiens n'ont, à chaque colonne, qu'un doigt effectif. Ce caractère leur est si exclusivement propre, qu'il ne se présente dans aucun autre animal. En réalité, la colonne porte trois doigts. Mais l'exagération du doigt médian entraîne l'atrophie des deux autres doigts, restés tellement rudimentaires qu'ils ne peuvent contribuer à la locomotion.

Les formes deviennent ici plus grandes et plus sveltes ; car nous rentrons dans des animaux coureurs. La colonne aussi s'allonge, mais avec prédominance du train postérieur : double condition qui est nécessaire pour la course. La peau, sans être fine, ne manque pas de souplesse. Elle est couverte de poils courts, lisses et serrés. L'œil est bien développé. L'oreille est mobile et plus ou moins longue.

(1) Du mot latin *equus*, cheval. Les auteurs les nomment Solipèdes. Cette expression ne nous paraît pas assez nette. En effet, quadrupède signifiant animal à quatre pattes, et bipède, animal à deux pattes, le mot Solipède semblerait dire animal à une seule patte, tandis que les auteurs n'ont voulu désigner par Solipèdes que des animaux dont le pied se termine par un seul doigt.

Quant au système dentaire, les incisives sont assez tranchantes. Les molaires sont carrées et très-propres à broyer; leur couronne est concave, mais par l'usure successive des bords, la cavité diminue et s'efface. Quand elle a disparu, on dit que l'animal est hors d'âge, et cette expression s'applique surtout au Cheval, qui perd alors une grande partie de sa valeur. La vestiture des Equiens nous annonce qu'ils habitent les climats chauds. Ce sont les Ongulogrades par excellence, car leur sabot est complet et il est, à lui seul, l'équivalent de deux sabots qui seraient soudés par leur face interne.

Cette famille comprend six genres : le Cheval, l'Hémione, l'Ane, qui sont asiatiques; le Zèbre, le Couagga et le Daw, qui sont africains. Les genres asiatiques sont plus difficiles à distinguer les uns des autres, parce que c'est sur eux que s'est portée l'influence de l'homme; tandis que les espèces africaines, plus rebelles, sont restées, pour ainsi dire, dans leurs conditions sauvages. La robe des Équiens d'Asie est unicolore. Celle des Équiens d'Afrique est zébrée. Toutefois, le lien de famille se montre dans le jeune âge par les traces de zébrure (raies transversales) que présente le Cheval lui-même, lorsqu'il est demeuré sauvage. Il est vrai que, devenu adulte, il n'a plus cette bande noire, qui longe tout le dos de l'Hémione et qui, dans l'Ane, forme une sorte de croix en descendant sur les épaules. Mais ces bandes noires se multiplient de plus en plus dans les Equiens d'Afrique, et leur disposition gracieuse devient, pour ces espèces, une sorte d'ornement.

Le Cheval réunit trois qualités qui semblent s'exclure : la force, la grâce et la vitesse. Les conditions que chacune de ces qualités exige, se trouvent harmonieusement balancées dans ce Pachyderme, qui est devenu la plus noble conquête de l'homme (1).

Le Cheval est très-sociable et son instinct est assez élevé. Dans sa taille, comme dans tous les détails de ses formes, la puissance musculaire a reçu tout ce qui était compatible avec l'élégance et avec l'agilité. Son port est majestueux, soit que dans sa marche assurée, il dresse fièrement sa tête, soit que dans sa course rapide, il fasse onduler au vent son épaisse crinière et sa longue queue. Son oreille est mobile et, dans ses mouvements, elle exprime toutes les impressions de l'animal. Son œil est magnifique.

Le Cheval a, pour patrie, les steppes de l'Asie centrale. Mais, dès la plus haute antiquité, il est entré dans la vie domestique et les Européens l'ont même transporté en Amérique, où il a repris l'état sauvage, surtout dans les pampas de Buénos-Ayres. Chez tous les peuples civilisés, le Cheval est une des premières richesses. Il y présente des variétés innombrables, qui sont assorties à des fonctions dif-

---

(1) A ce titre, nous avons dû consacrer au Cheval un chapitre particulier de notre *Histoire Naturelle, dans ses applications géographiques, historiques et industrielles.*

férentes. Sa robe naturelle est de couleur isabelle: C'est encore la vestiture qui signale le Cheval primitif de l'Asie. Mais en Amérique, quoique redevenu sauvage, le Cheval est bai-foncé. Et cette différence de coloration s'explique par la différence même du climat. La coloration est un caractère extérieur que les moindres circonstances peuvent modifier. Mais les formes générales restent les mêmes dans l'individu sauvage, soit de l'Asie, soit de l'Amérique. Toutefois, nous devons remarquer que la domesticité a réduit l'oreille du Cheval, tandis qu'elle a allongé celle de l'Ane. Naturellement, l'Ane a l'oreille plus longue que le Cheval; mais, sous l'action séculaire de l'homme, l'oreille du Cheval s'est réduite et celle de l'Ane s'est amplifiée. De telle sorte que, sous ce rapport, ces deux Equiens diffèrent beaucoup plus à l'état domestique qu'à l'état sauvage.

Quoique le Cheval se tienne de préférence dans les pays chauds ou du moins tempérés, on comprend que, s'il s'avance dans des climats rigoureux, son tégument devient laineux et frisé. Tel est le Cheval de Norwège, qui est en effet couvert d'une toison.

Nous ne connaissons le Cheval sauvage que par une figure qui le représente les colonnes élancées, la tête forte et l'oreille assez longue et couchée. Cette tenue de l'oreille se reproduit dans le Cheval domestique, quand il est irrité. La queue est touffue dans toute sa longueur.

L'Hémione présente une vestiture élégante. Sa

crinière se continue en une bande noire qui longe tout le dos. Sa robe isabelle est blanche en dessous. Les colonnes aussi sont blanches ainsi que la queue, qui se termine par de longs crins. Sa voix rauque se rapproche du hennissement du cheval. Il habite l'intérieur de l'Inde, mais assez loin de la mer. Sa domestication n'est pas aussi ancienne que celle de l'Ane et du Cheval. Il se conserve encore à l'état sauvage sur quelques points de l'Asie.

Le type de l'Ane ne doit pas être jugé sur ce qu'il est devenu dans la vie domestique. A l'état sauvage, l'Ane a toute la valeur du Cheval. Il compense la splendeur de la taille, la beauté des formes par des qualités réelles. Il a le pas plus sûr que le Cheval. Il supporte mieux la fatigue, les intempéries du climat et les privations. Il est plus sobre et moins maladif. Mais, tandis que le Cheval, bien nourri, bien logé chez le riche, a gagné dans sa force, dans sa souplesse et dans ses proportions, l'Ane, au contraire, a perdu sous tous ces rapports, car il est délaissé aux classes inférieures qui lui imposent le travail avant son complet développement. Toutefois, chez les Musulmans comme dans la Chine, l'Ane a conservé ses qualités primitives, parce qu'il y trouve des soins qu'on lui refuse en Europe.

Du reste, le Cheval et l'Ane forment deux races distinctes que l'homme ne peut transformer l'une dans l'autre. Et pourtant elles sont si voisines que Cuvier lui-même n'a pu trouver la moindre différence dans leur système osseux. Cette extrême proximité des deux races a permis à l'homme d'obtenir, de leur union, un animal intermédiaire, le Mulet, qui réunit en effet les avantages particuliers de chacune d'elles.

L'Ane, comme le Cheval, a pour patrie l'Asie centrale. Sa robe est isabelle en dessus et blanche en dessous. Il remplit en petit tous les offices du Cheval. Il lui est préféré dans les pays montueux et arides (1). Il n'existe guère plus à l'état sauvage.

Les trois Equiens d'Afrique intéressent beaucoup moins, parce qu'ils ont résisté jusqu'à ce jour à toutes les tentatives de domestication.

Le Zèbre a le corps parcouru par des bandes alternatives de noir et de blanc. Il habite la côte occidentale d'Afrique.

Le Couagga n'a pas les zébrures aussi prononcées. Il habite le centre de l'Afrique.

Le Daw n'a pas les colonnes zébrées. Il a, pour patrie, le Cap de Bonne-Espérance.

ONGULOGRADES-RUMINANTS.

Les Ruminants forment un groupe très-naturel. Tous ont la colonne terminée par deux doigts, tous sont herbivores, tous sont caractérisés par cette double mastication qu'on appelle rumination. L'herbe

(1) Notre *Histoire Naturelle, dans ses applications géographiques et industrielles*, a réservé un chapitre à cet utile animal, qui n'est dédaigné que parce qu'il est méconnu.

saisie par les lèvres est d'abord grossièrement divisée par les dents et dirigée dans la *panse,* sorte de réserve où l'animal recueille toute sa provision. Quand la panse est pleine, l'animal se met au repos et, par une forte contraction musculaire, il ramène l'herbe sous les dents. C'est alors que s'opère la véritable mastication. Elle est singulièrement favorisée par la mâchoire inférieure qui, douée d'un mouvement latéral, se promène sous la mâchoire supérieure. A mesure que cette mastication complémentaire est achevée, l'aliment est livré à la digestion, en passant successivement par deux compartiments dont l'un s'appelle *feuillet* et l'autre *caillette.* Dans l'intervalle des deux mastications, le *bonnet,* qui n'est lui-même qu'un compartiment de la panse, agit puissamment pour faire remonter, dans la bouche, l'herbe qui n'a subi qu'un broiement très-imparfait.

Le groupe des Ruminants est celui qui a mis au service de l'homme le plus d'animaux utiles. Nous leur devons le lait, d'où dérivent le beurre et le fromage. Nous leur devons la viande de nos boucheries, la laine de nos manufactures, le cuir de nos tanneries, le suif de nos fabriques de chandelle, la corne qui, sous la main de l'industrie, prend des formes si diverses.

Le Sous-Ordre des Ruminants comprend deux familles : les Caméliens et les Capriens.

Ces deux familles se distinguent l'une de l'autre par le système dentaire et par le pied.

Les Caméliens ont des dents incisives aux deux mâchoires, les Capriens n'en ont qu'à la mâchoire inférieure. Ces incisives sont au nombre de huit dans les deux familles; mais les Caméliens en ont deux à la mâchoire supérieure et six à la mâchoire inférieure, tandis que les Capriens portent les huit incisives à une seule mâchoire.

Le pied est toujours formé d'un double sabot; mais dans les Caméliens, le sabot est incomplet et, dans les Capriens, il enveloppe tout le doigt. De plus, la forme des deux sabots diffère dans les deux familles. Dans la première, ils sont plats et arrondis, tandis que, dans la seconde, ils sont très-convexes à leur face externe et se correspondent par leur face interne, qui est aplatie. Il en résulte que les Caméliens, répétant le pied de l'Éléphant, sont moins Ongulogrades que les Capriens. Ces différences extérieures sont accompagnées à l'intérieur de modifications fort remarquables. Les parois de l'estomac, dans les Caméliens, ne sont pas lisses. Elles présentent des cavités profondes, des espèces d'auges dans lesquelles l'animal peut conserver l'eau qui doit lui servir de boisson, et cette particularité répond aux circonstances biologiques de cette famille.

La famille des Caméliens ne se compose que de deux genres : le Chameau et le Lama. Leur distribution géographique est remarquable sous plus d'un rapport. Le genre Chameau est propre à l'Ancien Continent, le genre Lama n'appartient qu'à l'Amérique. Distancés ainsi aux deux extrémités du Globe, ils diffèrent encore par l'habitacle qui leur est respectivement assigné. Le genre Chameau se tient dans la plaine et le genre Lama sur les montagnes. Il en résulte des modifications nécessaires dans le pied, dans la vestiture et dans les proportions.

Un autre caractère distinctif entre les deux familles, c'est que les Caméliens n'ont jamais de prééminence sur le front, tandis que les Capriens portent généralement des prolongements frontaux.

Le Chameau est difforme, dit-on ; il serait plus exact de dire que, chez lui, la grâce est sacrifiée à l'utilité. La colonne, établie pour la sûreté de la marche, est longue, afin de produire un pas avantageux. Les deux doigts qui la terminent sont réunis sur une semelle de peau, large et demi-cornée, disposition favorable pour s'appuyer sur un terrain sableux. Les ongles ne sont pas aplatis à leur face interne. L'élongation de la colonne entraîne nécessairement celle du cou, qui porte une tête assez petite. L'œil se trouve ainsi placé à une grande hauteur et, comme il est très-saillant, il en résulte que le rayon visuel peut embrasser au loin tout l'horizon. Le pelage, par sa nature comme par sa couleur, est assorti aux plaines brûlantes qu'habite le Chameau. Les callosités qu'il présente à la poitrine, au genou et au poignet, nous traduisent les points sur lesquels l'animal se met au repos. La queue est maigre et presque dépouillée. Mais le caractère le plus étrange et le mieux adapté à la patrie du Chameau, c'est la masse graisseuse qui surmonte le dos, et les godets distincts que présentent les parois de la panse. Le Chameau porte ainsi sa provision de vivres et sa provision d'eau : double circonstance nécessaire dans un animal du désert. Le Chameau est depuis longtemps soumis à la vie domestique. Il est le seul véhicule des caravanes. Il peut porter des poids énormes et rester dix jours sans boire ni manger. Or, comme il parcourt à peu près trente lieues par jour, on comprend qu'il peut donc exécuter un trajet considérable sans exiger, pour ainsi dire, aucun soin. Le Chameau proprement dit a deux bosses dorsales ; le Dromadaire n'a qu'une seule bosse. Le Chameau proprement dit est asiatique ; le Dromadaire est africain. Mais les deux espèces se rencontrent en Arabie, presqu'île limitrophe entre l'Afrique et l'Asie. Le Dromadaire ne quitte pas les régions chaudes ; le Chameau s'avance, au contraire, jusque dans les contrées septentrionales, près du lac Baïkal, et alors sa robe devient plus fourrée. Le Dromadaire, comme le Chameau, n'existe plus à l'état sauvage.

Le Lama a la colonne moins longue que le Chameau. Les deux doigts sont libres et présentent chacun une semelle distincte. Cette modification du pied convient à un animal de montagnes, pour qu'il puisse se tenir sur un sol accidenté ; et cette circonstance suffit pour entraîner, dans le même sens, la modification de la taille et de la vestiture. Il est évident que le Lama doit être plus chaudement vêtu et moins grand que le Chameau. Il est naturel aussi qu'il ne présente plus de bosses; car, sur les hautes montagnes, tous les climats sont étagés et, par conséquent, l'herbe s'y développe toujours sur des zones plus ou moins élevées. D'ailleurs, la sobriété du Lama est telle, qu'il peut vivre à l'aise sur des rochers où l'œil aperçoit à peine quelques traces de végétation, et cependant, ces animaux vivent en troupes assez nombreuses. Buffon a connu fort peu le Lama. Et pourtant, dans son génie divinatoire, il posa cette magnifique question : l'acclimatation du Lama, en Europe, ne serait-elle pas plus précieuse que la conquête de toutes les mines d'or de l'Amérique? Ce grand naturaliste affirmait la possibilité et l'utilité de cette acclimatation. On lui répondit : c'est impossible. Et, par une honteuse inertie, on n'a même pas fait un essai sérieux, malgré les louables efforts de l'impératrice Joséphine. Aujourd'hui, cette question est parfaitement résolue. Elle l'a été notamment par Guillaume II de Hollande, près de La Haye, c'est-à-dire, au-dessous du niveau de la mer. Ainsi, le changement de climat n'est pas un obstacle. D'ailleurs, les Lamas colportent de la montagne à la mer les produits des mines et, par conséquent, ils passent et repassent continuellement d'une température froide à une température chaude. Le régime alimentaire offre encore bien moins de difficultés, car il est tellement flexible que, dans la traversée de l'Océan, un Lama se mit à manger le journal qu'un passager venait de lire. Quant à l'utilité, les différentes espèces de Lamas donnent la laine la plus fine et la plus douce. Déjà, l'importation de ce produit s'élève à plusieurs millions de francs.

Il y a trois espèces de Lamas : le Lama proprement dit, l'Alpaca et la Vigogne.

Ces espèces ne diffèrent entre elles que par des modifications qui dépendent de la hauteur relative de leur habitacle.

Le Lama proprement dit se tient sur la zone inférieure des montagnes. Plus près de l'homme, il était plus naturellement disposé à la vie domestique et, en effet, les Américains l'emploient comme bête de somme et comme bête de boucherie. Sa toison est grossière et brune.

L'Alpaca, moins grand et plus svelte, recherche les cimes élevées. Sa toison est plus épaisse et plus chaude. Sa laine est employée dans quelques manufactures, mais elle est très-inférieure à celle de la Vigogne qui, plus légère, plus petite, plus indépendante, plus timide, se réfugie dans le voisinage des neiges éternelles. Or, le climat est une condition souveraine pour la finesse de la toison. La robe de la Vigogne est d'un fauve roussâtre avec de longs poils blancs qui descendent sur les épaules et sur les flancs. L'Alpaca, comme la Vigogne, est resté sauvage. Il serait à désirer que ces deux espèces fussent introduites dans nos montagnes des Alpes et des Pyrénées.

FAMILLE DES CAPRIENS.

La colonne se termine par un pied fourchu et s'appuie sur une double semelle de corne. La mâchoire inférieure porte seule des incisives avec des bourrelets qui leur correspondent dans la mâchoire supérieure. Le prolongement frontal a le nom de bois ou de corne, selon qu'il est revêtu de peau ou qu'il en est dépouillé.

Cette famille est très-nombreuse, mais les transitions d'un genre à l'autre sont tellement graduées qu'afin de rester dans les limites convenables, nous ne citerons que les principaux : le Musc, le Chevrotain, la Girafe, le Cerf, le Renne, l'Antilope, la Gazelle, le Chamois, la Chèvre, le Mouton, l'Ovibos, le Bœuf.

Le Musc est l'anneau de transition entre les deux familles des Ruminants. Il présente, en effet, tous les caractères des Capriens et retient cependant un caractère remarquable des Caméliens, car il n'a pas de prolongement frontal. Mais il porte une arme dans la mâchoire supérieure, dont les canines se sont développées en défenses. Les deux sabots sont plats, mais recourbés. Les deux doigts rudimentaires forment deux ergots qui sont très-développés. Sauteur intrépide, il franchit les rochers de crète en crète, par dessus des abîmes; et rien n'égale la sûreté de son pied et la précision de son regard. Il se tient, pour ainsi dire, sur la cime de la terre, aux sommets escarpés de l'Himalaya. Et pourtant, l'homme s'expose à le poursuivre dans ces localités inaccessibles. Le prix de cette chasse périlleuse n'est point la toison de l'animal, car les éléments du pelage sont cassants et, par cela même, échappent aux applications de l'industrie. Mais le Musc sécrète une graisse odorante et solide, qui porte son nom et qui est fort recherchée, surtout en médecine. Toutefois, ce produit est rare et, par conséquent, falsifié, car cette graisse ne se trouve que dans le mâle et il ne la donne même qu'en petite quantité. Le Musc est de couleur brune. Il a la taille d'un chien. La queue, qui ne serait qu'un embarras, est supprimée.

Le Chevrotain a des proportions beaucoup plus réduites. Sa taille est celle d'un lièvre. Il n'a pas de glande odorifère et ses canines ne sont pas modifiées en défenses. Sa tète est fine, ainsi que ses colonnes. Sa queue est rudimentaire. Le seul individu que possède le Muséum est conservé sous verre. C'est une variété qui est de couleur fauve et qui n'a que le volume d'un rat. Nous ne pouvons affirmer qu'il eût atteint son complet développement. Toutefois, le Chevrotain peut être appelé le Pygmée des Ruminants.

La Girafe se distingue immédiatement par ses proportions gigantesques. C'est le plus grand de tous les animaux. La cheville osseuse qui surmonte son front est très-courte, permanente et revêtue de peau. Les colonnes sont longues, mais le train antérieur est ici très-prédominant. Il en résulte que la poitrine est beaucoup plus élevée que la croupe, et que la vitesse, quoique fort remarquable, n'est pas proportionnelle au développement absolu des colonnes. La Girafe, dans la course et même dans la marche, présente une allure singulière. Comme le corps est court et que les colonnes sont longues, si la Girafe marchait à la manière ordinaire, le pied de derrière choquerait le pied de devant. Pour obvier à cet inconvénient, elle va l'amble, c'est-à-dire, elle avance à la fois les deux pieds du même côté, ce qui diminue évidemment sa vitesse, en la privant de la grâce que nous avons signalée dans le Cheval.

La longueur des colonnes entraîne nécessairement celle du cou, qui porte une tête élégante. Le regard de la Girafe est peut-être le plus perçant que nous puissions citer; et, comme l'œil se trouve ainsi placé à cinq ou six mètres de hauteur, on comprend que sa sphère d'activité doit s'étendre fort loin. La Girafe du Muséum en donna une preuve inattendue. Amenée d'Afrique, sa patrie exclusive, elle témoigna plusieurs fois, dans le voyage, un mouvement d'aversion qu'on ne put d'abord s'expliquer. Mais il fut facile d'en reconnaitre enfin la cause : elle avait aperçu, à plus de deux lieues de distance, quelques porcs, animaux qui lui faisaient éprouver toujours une horreur instinctive. Du reste, son naturel était fort doux. On lui avait associé une vache, qui ne parvenait qu'avec peine à suivre son pas et qui fut même forcée de s'arrêter. La Girafe continua, seule, sa route vers Paris. Mais cette séparation l'avait attristée; et, lorsque plusieurs jours après elle revit sa compagne, elle lui fit l'accueil le plus affectueux. Nourrie d'abord avec du lait, elle n'en voulut plus dès qu'elle eut goûté l'eau. Elle avait, pour ses compatriotes, une prédilection marquée. La vue d'un turban la préoccupait beaucoup et suffisait même pour absorber son attention, quelque nombreuse que fût la réunion des visiteurs. Elle se laissait toucher sans crainte, mais il fallait respecter sa colonne antérieure, qui est, pour la Girafe, le seul moyen de défense, lorsqu'elle n'a pu trouver une sauvegarde dans la fuite. Cette colonne est si puissante, qu'elle pourrait broyer le Lion lui-même, s'il s'en laissait atteindre. Le fait le plus étonnant dans la Girafe du Muséum, c'est qu'elle n'a jamais fait entendre le moindre cri, ni de joie, ni de douleur. Toutefois, nous ne pouvons en conclure que ce Ruminant soit réellement muet. La Girafe vit en troupe peu nombreuse. Sa grande taille lui permet de paître à l'aise les feuilles des arbres. Elle se tient sur la lisière des terres cultivées, se servant du désert comme d'une retraite, pour échapper aux bêtes féroces. Sa robe, très-belle, présente des rosaces d'un roux assez vif sur un fond blanc. La langue est longue, noire et extensible. Elle s'enroule, avec la souplesse d'un serpent, aux objets qu'elle saisit et remplit ainsi, en quelque sorte, l'office d'une main. La queue, courte et grêle, se termine par un épais flocon. Sa chair et sa moelle surtout, sont recherchées.

Le genre Cerf rentre graduellement dans des proportions moins grandes. Les colonnes sont effilées, ce qui annonce une course rapide. Les ergots sont bien développés. La queue est courte. Le front porte des bois de forme variable. Cette armure ne se montre qu'à la deuxième année et n'est alors qu'une dague assez courte. Mais, dès l'année suivante, les ramifications ou andouillers commencent à se former, et elles se développent de plus en plus, à mesure que le Cerf devient plus âgé. Le bois est caduc et, en général, il se renouvelle tous les ans. C'est au printemps que s'accomplit cette mue singulière. La tige se ronge à sa base et tombe. La peau qui enveloppe la dague se dessèche et se détache. Puis, le bois se reproduit, ainsi que les branches, avec une extrême rapidité. Durant cette période, le Cerf se cache dans les fourrés les plus épais. Il en sort, lorsque la tête a repris sa couronne. Le Cerf se nourrit de feuilles, de bourgeons et d'herbes. Il est répandu dans presque toutes les parties du Globe. Il ne manque que dans la Nouvelle-Hollande, partie de la Terre qui se maintient toujours, en quelque sorte, dans son caractère exceptionnel.

Ce genre comprend quatre espèces qui sont toutes restées à l'état sauvage : l'Élan, le Cerf proprement dit, le Daim et le Chevreuil.

L'Élan se rapproche de la Girafe par les proportions du corps et par la longueur relative des colonnes. Il a le volume d'un cheval et le train antérieur prédominant. Cette particularité était nécessaire pour que le centre de gravité fût soutenu, malgré le poids énorme de la tête que surmontent des bois immenses, aplatis et dentelés. L'Élan ne peut être fier de cette armure somptueuse, car elle permet à un petit Carnassier de triompher sans danger de sa force, comme de sa vitesse (1). Le cou est épais et court, pour être assorti au volume des bois. Cette circonstance ne permet guère à l'animal de paître aisément l'herbe des champs. Il préfère les feuilles et les bourgeons qui sont mieux à sa portée. Il habite le Nord de notre hémisphère.

Le Cerf proprement dit a des formes plus légères, et la colonne postérieure prédomine, circonstance qui lui donne une vitesse proportionnellement plus grande que celle de la Girafe. Sa couleur est plus ou moins roussâtre. Sa taille est à peu près celle de l'Ane. La femelle se nomme Biche et le jeune Cerf s'appelle Faon. Le bois est arrondi et très-ramifié. Il se termine par une empaumure, c'est-à-dire, par plusieurs andouillers qui partent presque du même point. Il est très-répandu dans les forêts de tout le Globe. Un fait remarquable, que présente du reste tout le genre Cerf, c'est que les formes augmentent à mesure qu'on s'avance dans les contrées plus septentrionales, tandis qu'en général, les formes s'amplifient dans la zone torride.

Quoique dans un livre d'enseignement, nous de-

(1) Voir le Glouton, page 52.

vions nous imposer des limites, nous ne pouvons guère nous dispenser de citer une variété de Cerf appelée Axis. Ce Cerf élégant se distingue par un bois plus allongé, mais moins ramifié. Sa robe est à fond jaune avec de petites taches blanches. L'Axis est un Cerf Indien.

Le Daim a des formes plus petites et plus sveltes que le Cerf proprement dit. Il est plus robuste et beaucoup plus propre à gravir et à sauter. Il ne porte qu'un seul andouiller, qui est aplati et dentelé. Son pelage est roux avec de petites taches, mais il devient grisâtre en hiver. Il évite les forêts, recherche les bouquets de bois et s'éloigne des climats rigoureux. Il présente une variété albine qui est d'autant plus gracieuse, que le bois en est légèrement rosé. Le Daim est un des plus beaux Pilifères de France.

Le Chevreuil est encore plus petit que le Cerf. Sa couleur fauve est sombre en dessus et plus claire en dessous. Ses bois sont arrondis. Sa chair est très-estimée.

Le Renne est très-voisin du Cerf. Cependant, il semble s'en séparer par ses mœurs et par quelques caractères zoologiques. Le bois est très-compliqué. Toutes les parties en sont plates; mais il y a deux branches ramifiées qui se portent en avant, de telle sorte qu'il paraît avoir réellement deux bois. La femelle porte des bois comme le mâle. Le pied est très-dilaté pour pouvoir marcher sur la neige, et les deux doigts postérieurs touchent presque le sol.

La toison est très-abondante et plus douce que dans le Cerf. Le bois lui-même est fourré ainsi que le museau. Il habite le Nord de l'Europe, de l'Asie et de l'Amérique. Sa couleur ordinaire est foncée, mais elle passe au blanc en hiver. Il porte inscrits, sur les divers points de son organisation, des caractères d'harmonie qui le constituent éminemment animal de pays froids. Il est entré dans la vie domestique depuis très-longtemps. Il forme même la principale richesse des Samoïèdes et des Lapons. Il se nourrit d'une sorte de lichen que dédaignent les autres Ruminants. Il est excessivement sobre. Il est utile à la fois par ses services et par sa dépouille. Il a, pour le transport, presque toute la force et la vitesse du Cheval et, comme l'Ane, il est patient et propre à supporter la fatigue et la faim. Sa chair est presque aussi nutritive que celle du Bœuf, et la femelle donne un lait qui n'est guère inférieur qu'à celui de la Vache. La peau du Renne fournit un excellent cuir, sa fourrure sert à la fois pour vêtir l'homme et pour couvrir les maisons. Ainsi, le Renne, à lui seul, remplace le Cheval, l'Ane, le Bœuf, la Chèvre et le Mouton, qui ne peuvent se montrer dans les climats rigoureux, voisins de l'Océan Glacial. Il est une particularité que nous devons citer. Quand le Renne s'anime d'une grande vitesse, ses articulations produisent un claquement singulier, dont nous avons été toujours fort surpris.

Dans l'Antilope, la Gazelle et le Damantilope, les bois sont remplacés par des cornes pleines. L'Afrique est, par excellence, la patrie de ces trois Ruminants, qui se distinguent surtout en ce que les formes sont lourdes dans l'Antilope, sveltes dans la Gazelle, excessivement déliées dans le Damantilope. Leur taille décroit dans le même sens et nous annonce que l'agilité, déjà grande dans l'Antilope, augmente encore dans la Gazelle et qu'elle devient extrême dans le Damantilope. Les Arabes, dans leur style imagé, citent toujours le regard doux et pur de la Gazelle. Le fait est vrai, mais s'applique aussi bien aux deux autres genres, dont elle est l'anneau de transition. Ce qui plaît surtout dans la Gazelle, c'est que ses cornes sont disposées en forme de lyre. Ces Ruminants vivent en troupes nombreuses et, au moindre danger, se réfugient dans le désert.

Le Chamois a des cornes qui commencent à présenter des cellules. Ces cornes se portent en arrière et se terminent en crochets. La colonne est forte, les doigts sont très-fendus et chaque sabot est une lame aplatie. Le train postérieur est très-développé, par conséquent, le Chamois est un sauteur doué d'une extrême agilité. Il peut aussi s'accrocher aux aspérités des rocs et bondir hardiment sur leurs crêtes. Il peut même s'y tenir très-incliné, et il ne le cède qu'au Musc pour la justesse du coup d'œil, comme pour la précision du saut. Sa vestiture est belle. Sa robe est, en effet, d'une couleur brune; mais le front et le museau sont blancs, ainsi que la base du cou et le bord de l'oreille. Le Chamois habite les montagnes des Alpes et des Pyrénées. Celui des Pyrénées porte le nom d'Isar.

Le Bouquetain et le Moufflon, qui sont les types primitifs, l'un de la Chèvre, l'autre du Mouton, sont des genres très-voisins. Leurs cornes sont demi-celluleuses et à surface ondulée. Le pelage est lisse et formé de soies qui ont, à leur base, des éléments laineux. Mais le Bouquetain est plus robuste. Sa corne est en arc, il a le chanfrein concave et porte une longue barbe; tandis que le Moufflon a la corne en spirale, le chanfrein convexe et n'a pas de barbe. Un autre caractère distinctif, c'est que la semelle du sabot est voûtée dans le Bouquetain et presque bombée dans le Moufflon. Et ce caractère a quelque valeur, car il nous traduit des différences biologiques qu'il est facile de signaler. En effet, le Bouquetain est plus propre à gravir. Aussi, quand ils habitent la même chaîne de montagne, ils y occupent des étages différents; et quoiqu'ils aiment, tous les deux, les régions boisées, le Bouquetain recherche toujours la zone la plus élevée. Pour être plus exact, nous devons dire que le Moufflon s'accommode très-bien du séjour dans les montagnes, qui est tout-à-fait nécessaire pour le Bouquetain, dont le naturel est plus indépendant. Cette différence se maintient malgré l'influence séculaire de l'homme. Quoique la Chèvre soit entrée dans la vie domestique bien avant le Mouton, elle semble n'avoir pas déposé complètement son instinct de liberté. Elle se fait difficilement à la discipline du troupeau, que le Mouton accepte avec une entière soumission. C'est surtout sur le pelage que la domesticité a produit de notables modifications. Les soies de la Chèvre se sont développées aux dépens de l'élément laineux; mais, dans le Mouton, c'est le duvet laineux qui s'est exagéré aux dépens des soies. De telle sorte que le tégument de la Chèvre est resté lisse, tandis que celui du Mouton est devenu frisé. Ces deux Ruminants sont précieux pour l'homme, mais à des titres divers. Tous les deux nous donnent leur toison et leur peau, que l'industrie métamorphose en tissus et en cuirs. La Chèvre est, de plus, recherchée pour son lait; le Mouton l'est pour sa chair, comme aussi pour sa graisse, qui est le meilleur de tous les suifs. Dans la race Caprine, le mâle se nomme Bouc et, dans la race Ovine, on l'appelle Bélier. La Chèvre de la Chine a l'oreille pendante, ce qui annonce qu'elle s'est avancée, plus que toutes les autres, dans la vie domestique. Toutefois nous devons ajouter que la Chèvre Cachemirienne, qui est d'un naturel fort doux, présente la même particularité.

Nous pensons que notre Chèvre et notre Mouton sont d'origine asiatique et que, par conséquent, ils ne descendent point du Bouquetain et du Moufflon d'Europe, qui se montrent encore, l'un dans le Caucase, et l'autre dans la Corse et dans la Sardaigne.

Nous devons ajouter que, sous l'action du climat, la Chèvre, même sauvage, peut présenter un grand développement du duvet laineux, et c'est sous ce rapport que la Chèvre du Tibet est si estimée pour le riche produit que lui doivent les fabriques de cachemire.

L'Ovibos a les deux cornes qui se touchent. Il est intermédiaire entre le Mouton et le Bœuf, par sa taille comme par son organisation. Il se distingue du Mouton en ce qu'il a un mufle, c'est-à-dire que son museau se termine par un renflement crypteux, toujours plus ou moins humide. Il se distingue du Bœuf par ses formes sveltes. Il habite l'extrémité Nord de l'Amérique septentrionale. Notre Muséum, qui est sans doute le plus riche de toute l'Europe, ne possède pas un seul Ovibos.

Le Bœuf a les cornes creuses et à surface unie. Elles divergent d'abord et puis elles se recourbent vers leur extrémité. Son museau se termine par un mufle. Son corps est trapu et s'appuie sur de solides colonnes, ce qui nous indique un animal de plaine. L'acquisition du Bœuf est plus précieuse que celle du Cheval. S'il a moins de vitesse, il a plus de force, et il compense l'élégance des formes par l'extrême utilité de sa dépouille. Sa chair est la viande par excellence. Sa peau donne le cuir le plus estimé. Ses cornes prennent, sous la main de l'industrie, des formes variées. Le lait de la Vache est le plus substantiel et le plus propre à la préparation du beurre et du fromage.

Quoique le Bœuf soit entré dans la vie domestique bien longtemps après la Chèvre et le Mouton, cependant il n'existe guère plus à l'état sauvage. Il descend de l'Urus, qui se trouve encore dans les plaines de l'Asie centrale, où l'homme peut à peine pénétrer. Quelques auteurs le font dériver de l'Aurochs, qui se montre encore sur quelques points de l'Europe, et notamment dans la Pologne et au pied du Caucase. Mais, c'est une erreur manifeste ; car l'Aurochs présente une côte de plus que le Bœuf. Toutefois, ce sont des genres très-voisins. Nous remarquerons aussi que l'Aurochs a le menton barbu. Le seul individu que possèdent les collections, se trouve dans notre Muséum. Il appartenait à l'Autriche et fut exhumé par ordre de Napoléon, le lendemain de la bataille de Wagram, pour être envoyé à Paris. Le Zébu, plus petit que le Bœuf, s'en distingue par ses cornes inapparentes et par la gibbosité graisseuse qu'il porte sur le dos. Nous devons encore rapprocher du Bœuf le Bison et le Buffle. Le Bison appartient à l'Amérique septentrionale et se distingue par sa tête énorme et par son cou, qui est couvert d'une épaisse et longue toison. Le Buffle est noirâtre, ses cornes se dirigent et se couchent en arrière. On le trouve encore, mais rare, sur quelques points de l'Italie. Il est d'origine asiatique. Enfin l'Yack ou Bœuf grognant se distingue par sa queue, qui ressemble à celle du Cheval. Il habite le pied de l'Himalaya.

En résumé, le caractère distinctif parmi les Capriens, ne porte guère que sur les cornes et sur quelques différences extérieures de formes ou de proportions : ce qui prouve l'intimité qui les relie.

Nous devons surtout remarquer que nos Capriens domestiques ont tous une origine asiatique. Ce qui s'explique par l'aptitude singulière dont le peuple Indien est doué pour s'emparer à son profit de tous les animaux qui peuvent lui être utiles. D'ailleurs, la domestication de ces Ruminants était d'autant plus facile que, depuis le Renne, tous ont l'instinct de la sociabilité.

Sous-Classe des Marsupiaux.

Tous les animaux qui précèdent naissent à un degré de développement déjà très-avancé, c'est-à-dire, avec la forme définitive qu'ils doivent avoir.

Au contraire, les Marsupiaux naissent informes, ou plutôt si peu développés que le nouveau-né périrait, s'il n'était recueilli dans une poche durant toute la période de l'allaitement. Cette poche est soutenue par un os particulier qu'on appelle *marsupial*.

Georges Cuvier, dans sa classification zoologique, avait fait entrer violemment les Marsupiaux entre les Édentés et les Pachydermes. Mais l'illustre de Blainville a parfaitement établi que les Marsupiaux ne peuvent, en aucun point, s'intercaler parmi les Ordres précédents; et, s'appuyant sur le principe de la subordination des caractères, il en a formé une Sous-Classe des Pilifères. De telle sorte que les Marsupiaux, qui étaient un invincible embarras pour

Cuvier, sont venus remplir, au contraire, le hiatus que la série zoologique présentait sous le rapport embryogénique (1). D'un autre côté, M. Isidore Geoffroy St-Hilaire (2) a prouvé, par des faits incontestables, que les Marsupiaux répètent les types principaux de la série qui précède : le type des Carnassiers, le type des Insectivores et le type des Rongeurs. Et, pour que la classification exprimât cette correspondance évidente, il a eu l'ingénieuse idée d'en faire une seconde série parallèle à la première. Comment concilier le principe supérieur invoqué par de Blainville et le parallélisme constaté par M. Isidore Geoffroy St-Hilaire ? Il est évident qu'une classification, pour être acceptable, doit respecter tous les principes et concilier tous les faits. Elle doit, de plus, les traduire de telle sorte que l'esprit puisse saisir avec facilité l'ensemble et les détails de cette classification. Nous espérons avoir rempli ces conditions en satisfaisant à un autre genre de rapport qui demande sa grande part dans toute classification zoologique.

Et d'abord, une classification exacte est impossible. La raison en est simple : notre esprit si limité ne peut *comprendre*, c'est-à-dire, embrasser les œuvres de l'intelligence infinie. Il peut bien moins en-

---

(1) L'Embryogénie est le développement initial de tout être organisé.

(2) Digne fils de Geoffroy St-Hilaire, une des plus grandes notabilités de la science.

core les établir et les coordonner dans un tableau synoptique exprimant à la fois tous les rapports qui lient entre eux tous les éléments de la Création. Et, puisque les sciences exactes elles-mêmes ne pourront jamais atteindre à toutes les vérités abstraites qui sont dans la pensée de Dieu, les sciences d'observation pourront bien moins encore saisir et traduire la multiplicité de rapports que le Créateur a mis dans le plus petit être. Que faire, par exemple, dans cette inexorable disproportion entre le naturaliste et l'œuvre qu'il étudie?

Le mathématicien, lorsqu'il ne peut arriver jusqu'à la solution exacte, se contente d'un résultat approximatif. Nous ferons comme lui; toutefois avec cette différence que le mathématicien peut pousser indéfiniment sa limite d'approximation, tandis que le naturaliste est beaucoup plus restreint, parce qu'il est en présence d'un problème plus complexe. Il doit, en effet, saisir et coordonner l'extrême multiplicité des rapports.

Nous oserons publier notre classification zoologique dans un tableau qui terminera notre Ouvrage. Lorsque, placés dans les circonstances les plus favorables, des hommes d'élite comme Linné, Buffon, Cuvier, de Blainville, Geoffroy St-Hilaire, n'ont pu accomplir la tâche immense d'une véritable classification, nous, obscur et isolé, nous serions trop heureux d'apporter, en vingt-cinq années de labeur, un seul grain de sable qui pût être admis dans l'édifice si compliqué de l'Enseignement.

Les Marsupiaux déconcertent toutes les hypothèses par le phénomène de la vie intermarsupiale, mystère dont nous n'avons pas encore la clef.

Leur poche n'est pas un organe surajouté. Elle n'est qu'un simple repli de la peau, et parfois elle ne se développe qu'au moment même où elle devient nécessaire. Elle s'ouvre et se ferme sous l'action de muscles insérés sur l'os marsupial.

Les petits naissent à l'état gélatineux. Incapables de mouvement, ils ne peuvent se placer eux-mêmes dans la poche marsupiale. La mère les y introduit avec la patte postérieure, qui est une sorte de main, car elle porte un pouce opposable. Et, lorsque la mère est privée de cet organe préhenseur, la patte est remplacée, dans cette fonction, par les lèvres qui sont douées d'une telle adresse qu'elles peuvent saisir les corps les plus exigus. Mais il est une autre difficulté qui doit être résolue. Les petits sont si débiles qu'ils ne peuvent sucer. Ils doivent donc rester passifs dans l'acte de la lactation. En effet, la mère seule est active. Elle leur infuse le lait par une contraction musculaire spéciale et inattendue. Après la période de l'allaitement, la poche est encore utile, car les petits y trouvent un refuge au moment du danger, ou bien elle devient un auxiliaire commode, lorsque la mère veut les transporter avec elle.

Un caractère commun à tous les Marsupiaux, c'est que la patte postérieure prédomine toujours, ou pour la force ou pour la dextérité. Tous sont inférieurs par l'encéphale. Il est un autre point qui les distingue encore. La taille n'est pas un caractère fugitif. Les groupes les plus naturels en ont une, grande ou petite, qui leur est propre. Et toutefois, les Marsupiaux présentent un nain dans chaque famille, dès qu'elle se compose de plusieurs genres.

La distribution géographique de ces Pilifères est remarquable. Très-rares dans l'Ancien Continent, plus nombreux en Amérique, il ont, pour patrie essentielle, l'Océanie, que nous avons déjà signalée comme une terre d'exception pour le naturaliste.

ORDRE
DES MARSUPIAUX CARNASSIERS

Les Marsupiaux Carnivores correspondent aux Carnivores de la première série. Ils offrent une combinaison merveilleuse du type marsupial et du type carnassier, de telle sorte que la notion du Carnassier ordinaire nous prépare parfaitement à celle du Carnassier marsupial. La différence ne réside guère que dans la poche spéciale qui caractérise les Marsupiaux.

Cet Ordre comprend trois familles : les Dasyuriens, les Péraméliens et les Myrmécobiens.

FAMILLE DES DASYURIENS.

Cette famille appartient exclusivement à l'Océanie. Les système dentaire est, pour la forme, celui des Carnivores de la première série. Seulement, au lieu de six incisives à chaque mâchoire, il y en a dix à la mâchoire supérieure, huit ou six à la mâchoire inférieure. Dans cette famille, nous devons distinguer trois genres : le Thylacine, le Dasyure et le Phascogale.

Le Thylacine a toutes les apparences d'un Loup, mais avec la vestiture d'un Tigre. Son instinct est à peu près celui du Loup dont le Thylacine est, en effet, le représentant dans la Nouvelle-Hollande. Toutefois, nous devons noter que la patte est plus courte que celle du Loup et que la plante en est plus dénudée, ce qui prouve qu'il est plus plantigrade et que, par conséquent, il se rapproche ainsi du Tigre.

Le Dasyure représente à la fois la famille des Mustéliens et celle des Viverriens. Le pelage est tacheté et la queue est velue.

Le Phascogale n'a que le volume d'un petit Rat. On comprend qu'il est obligé de se rabattre sur de très-petites proies et même sur les insectes.

FAMILLE DES DIDELPHIENS.

Cette famille est américaine. Les Didelphiens portent une dent de plus à chaque mâchoire. Le pied postérieur est conformé en main. Les doigts y sont très-séparés et le pouce y est très-opposable. La patte antérieure n'a pas de pouce opposable, et tous les doigts sont compris dans le même mouvement. Cette famille est analogue aux singes de l'Amérique. L'analogie se manifeste à la fois dans la main et dans la queue, qui est fortement prenante. Mais cette queue est écailleuse. D'ailleurs, le cerveau est très-réduit, et le museau, très-effilé. Ce sont des Insectivores faibles, timides et nocturnes. Cette famille comprend les genres Didelphe, Micouré, Hémiure, Chironecte.

Le Didelphe a la queue longue et la poche permanente. Le Micouré a la queue longue aussi, mais la poche marsupiale n'est représentée que par un simple repli durant la gestation. L'Hémiure a la queue courte. Le Chironecte a la patte postérieure palmée.

Le Didelphe est très-agile durant la nuit, mais seulement sur les arbres. Il y surprend les oiseaux et déniche les œufs. Quand les petits sont trop développés pour être contenus dans la poche marsupiale, ils se tiennent accrochés sur leur mère, qui ramène sa queue parallèlement au dos, pour que les petits y enroulent la leur.

Le Didelphe-Sarrigue a reçu le nom bizarre de Didelphe à quatre yeux. Il n'en a réellement que deux, qui sont seulement surmontés chacun d'une tache blanche.

Le Micouré nous intéresse par l'intermittence de sa poche, et l'Hémiure par la réduction de sa queue. Mais le Chironecte est d'autant plus remarquable qu'il réunit des caractères très-divers. Il est à la fois marsupial, carnassier et aquatique. La patte postérieure est palmée et le pouce est cependant opposable, c'est-à-dire que la patte est, tour-à-tour, une nageoire et une main. Le Chironecte est ainsi une dérivation des Marsupiaux vers les Pilifères aquatiques.

FAMILLE DES PÉRAMÉLIENS.

Elle n'est formée que du seul genre Péramèle, qui est propre à la Nouvelle-Hollande. Le Péramèle est à la fois fouisseur et sauteur : fouisseur, par la patte antérieure, et sauteur, par la patte postérieure, qui est très-longue et terminée par quatre doigts. Toutefois, un de ces doigts résulte de la réunion de deux doigts très-grêles. La tête est très-effilée; les dents incisives sont au nombre de dix à la mâchoire supérieure et de six à la mâchoire inférieure.

FAMILLE DES MYRMÉCOBIENS.

Elle est également formée d'un seul genre, qui n'appartient aussi qu'à la Nouvelle-Hollande. Le Myrmécobe porte cinq doigts en avant et quatre en arrière. Il a des proportions élégantes et la robe zébrée. Sa biologie n'est guère connue. Il n'est lui-même acquis à la science que depuis peu. Son système dentaire le signale comme Insectivore. C'est, en effet, un mangeur de fourmis.

Nous n'osons placer ici le Tarsipède, Marsupial de la Nouvelle-Hollande, qui est très-petit et qui semble répéter quelques caractères des Edentés. Le seul individu, que nous possédions, présente un système dentaire qui ne se compose que de dix dents : quatre à la mâchoire supérieure et six à la mâchoire inférieure. La forme de ces dents est fort simple et, par conséquent, très-dégradée.

Si nous avions quelque autorité dans la science, nous proposerions de faire du Tarsipède un Ordre distinct et qui correspondrait à celui des Edentés de la première série.

ORDRE
DES MARSUPIAUX VÉGÉTIVORES

Ces Marsupiaux correspondent en grande partie aux Rongeurs de la première série. Mais il en est plusieurs qui ne répètent pas le système dentaire des Rongeurs.

Cet Ordre comprend quatre familles : les Phalangiens, les Phascolarctiens, les Phascolomiens et les Kanguriens.

FAMILLE DES PHALANGIENS.

Tous sont arboricoles et, par conséquent, de petite taille et à ongles piquants. Mais une particularité s'ajoute à ces conditions essentielles, pour mieux favoriser la vie sur les arbres : dans les uns, c'est une queue prenante ; dans les autres, c'est un parachute formé par l'expansion latérale de la peau. Tous habitent l'Océanie.

A cette famille appartiennent le Couscous, le Phalanger, qui sont doués d'une queue prenante ; l'Acrobate, l'Atropète, le Pétauriste, qui sont doués d'un parachute.

Le Couscous a la queue entièrement nue dans la partie terminale, ce qui exprime une préhensilité plus active et plus forte.

Le Phalanger n'a la queue nue que sur une petite portion de la face inférieure, ce qui annonce qu'elle a beaucoup moins de puissance pour s'accrocher aux branches.

L'Acrobate, l'Atropète et le Pétauriste ont la queue velue, mais elle est distique dans l'Acrobate et ne l'est pas dans les deux autres. Un caractère distinctif plus remarquable, c'est que l'Atropète a le système dentaire plus complet que l'Acrobate et que, sous ce rapport encore, il diffère du Pétauriste, car ses canines inférieures sont en série continue, tandis qu'elles ne le sont pas dans le Pétauriste. L'Acrobate est le nain de la famille ; il n'a que le volume d'une Souris, et présente tout l'aspect d'un Écureuil pygmée. Les auteurs l'appellent Écureuil volant.

Quant à la distribution géographique de cette famille, le Couscous habite les Archipels de l'Océanie, notamment les Célèbes et les Molluques ; le

Phalanger, l'Acrobate, l'Atropète et le Pétauriste habitent la Nouvelle-Hollande.

FAMILLE

DES PHASCOLARCTIENS.

Nous ne pouvons y citer qu'un seul genre, le Phascolarctos (Ours à poche) ou Koala. Ce Marsupial vit sur les arbres. Il est petit, sans queue et sans parachute. Mais ses ongles sont conformés en griffes et sa patte postérieure est éminemment propre à saisir. C'est un Ours en miniature. Il est fort rare, et le seul que possède le Muséum a le pelage gris. Nous ne savons par quelle méprise on imprime encore chaque jour que cet animal est privé de pouce, tandis que son pouce, au contraire, est large et très-opposable. Il saisit les branches des arbres et s'y fixe d'une manière solide, surtout par la patte postérieure, dont quatre doigts se portent d'un côté, et le pouce, de l'autre. Il a, pour patrie, la Nouvelle-Hollande. Il est couvert d'une laine assez dense. Sa chair est excellente. Il serait donc à désirer que le Phascolarctos fût introduit en Europe. L'acclimatation de l'individu serait assez facile; mais, pour acclimater l'espèce, on éprouverait une difficulté réelle. En effet, il faudrait intervertir en elle l'époque de la gestation, puisque, dans sa patrie, les saisons sont inverses de celles de l'Europe.

FAMILLE DES PHASCOLOMIENS.

Le Phascolome reproduit exactement, dans son système dentaire, la barre des Rongeurs. On pourrait d'abord le confondre avec la Marmotte, car il en a la taille, les formes, le pelage et même les habitudes. Sa queue est rudimentaire. Ses ongles robustes lui permettent de fouir aisément. Il se creuse un terrier profond. Il dort beaucoup, mais nous ne savons pas encore s'il hiberne. Son tégument grossier le met à l'abri de l'humidité du sol. Le Muséum a reçu successivement deux individus : l'un vivant, l'autre mort. Celui qui a vécu à la Ménagerie se nourrissait de carottes et son pelage a pris une couleur gris-jaunâtre. L'autre Phascolome a le pelage brun. Ces deux individus appartiennent-ils à des espèces différentes? C'est ce que nous ne pouvons décider, car le Phascolome est peu connu et il est fort rare. Il habite l'Australie.

FAMILLE DES KANGURIENS.

Elle a, pour caractères distinctifs, six incisives à la mâchoire supérieure et l'absence du pouce à la patte postérieure. Cette atrophie du pouce résulte de l'élongation de la patte dont le développement s'exagère par degrés.

Cette famille comprend cinq genres : le Dendrolague, le Potorou, l'Hétérope, le Kangurou et le Gerboïde.

Le Dendrolague et l'Hétérope ont la patte postérieure médiocrement allongée, tandis qu'elle s'exagère dans le Potorou et dans le Kangurou. Le Dendrolague et l'Hétérope diffèrent entre eux par le système dentaire, qui est plus complet dans le Dendrolague. De même le Potorou et le Kangurou, qui se ressemblent par le grand développement de la queue, diffèrent en ce que le système dentaire est plus complet dans le Potorou. Et si le Kangurou et le Gerboïde ont le même nombre de dents, le Gerboïde se distingue nettement par l'excessive longueur de la queue.

Le Dendrolague, récemment connu, est venu remplir l'intervalle que présentait le développement de la patte entre les familles précédentes et la famille des Kanguriens. La transition se trouve maintenant parfaitement établie; et, en général, quand un vide semble s'offrir dans une série, nous devons être assurés que c'est précisément la place de quelque animal inconnu, qui est vivant ou fossile.

Le Kangurou est essentiellement sauteur, comme l'indique la prédominance considérable de son train postérieur. La patte antérieure est tellement réduite, qu'elle ne peut servir au transport de l'animal; mais elle porte cinq doigts et jouit d'une certaine dextérité. La patte de derrière, par suite même de son extrême développement, n'a que quatre doigts. Elle n'est pas seulement un organe énergique de translation, mais encore elle est un moyen formidable de défense, car un de ses doigts est armé d'un ongle énorme. Cet ongle est une sorte de stylet, de poignard, mû par une puissance musculaire étonnante. La queue est d'une force prodigieuse. Elle ne concourt pas à la translation, quoi qu'en disent la plupart des auteurs, car le Kangurou la relève quand il veut sauter. Mais, au moment du repos, elle s'ajoute aux pattes postérieures et forme un troisième et solide point d'appui. Elle remplit encore une fonction inattendue, en servant au transport des matériaux que l'animal emploie pour construire sa cabane. Le petit, même après l'allaitement, se recueille longtemps dans la poche marsupiale et s'y tient comme à une croisée pour paître en même temps que sa mère.

Le Kangurou serait une acquisition très-utile, par sa chair, qui est excellente, et par son tégument, qui est laineux. Introduit en Italie, il s'y est acclimaté fort bien. Il se nourrit de toute espèce de végétaux et boit de toute sorte de liqueurs. Il est fort timide, mais il se familiarise aisément. Les grandes espèces de Kangurous appartiennent à la Nouvelle-Hollande ; d'autres, plus petites, habitent les Archipels de l'Océanie.

Le Gerboïde est ainsi appelé, parce qu'il rappelle et qu'il répète même la Gerboise. La prédominance excessive du train postérieur exprime en lui toute la puissance du saut. Sa queue est très-longue et son oreille est très-grande. Sa domestication serait d'autant plus précieuse, qu'il est couvert d'une toison rousse en dessus, blanche en dessous qui, par sa finesse aussi, ressemble à celle de la Vigogne. Malheureusement, le Gerboïde qui a, pour patrie, la Nouvelle-Hollande, est encore fort rare.

Nous croyons nécessaire de présenter ici le tableau complet des Marsupiaux, parce que, depuis Cuvier, qui en avait fait seulement un Ordre de la première classe, ces Pilifères étaient analysés d'une manière presque elliptique. Leur importance est déjà fort grande sous le rapport scientifique comme aussi pour la disposition sériale de la première classe des Vertébrés. Cette importance ne peut manquer de s'accroître, car il est bon de rappeler qu'une grande partie du Globe est encore zoologiquement ignorée. Et quand on tient compte des acquisitions si nombreuses que la science a faites récemment dans les contrées même les plus anciennement connues, il est permis d'espérer que l'Histoire Naturelle s'enrichira de nouvelles pages, à mesure que le naturaliste pourra visiter les plages lointaines que les relations commerciales lui ouvrent chaque jour.

Du reste, alors même que la série des Marsupiaux ne devrait plus s'accroître d'une seule espèce, elle pourrait désormais se suffire. En effet, elle reproduit les traits caractéristiques des principaux genres de la première série, qui rationnellement doit être plus nombreuse, afin d'exprimer plus fortement le type supérieur des Vertébrés.

SOUS-CLASSE DES MARSUPIAUX.

Ier ORDRE. MARSUPIAUX CARNASSIERS.

Famille des Dasyuriens.

PATTES POSTÉRIEURES A PLANTES	en partie velues		Thylacine.
	nues et à pouces	rudimentaires	Dasyure.
		bien distincts	Phascogale.

Famille des Didelphiens.

PATTES POSTÉRIEURES	non palmées. Queue	longue. Poche	permanente	Didelphe.
			représentée par un simple repli durant la gestation	Micouré.
		courte		Hémiure.
	palmées			Chironecte.

Famille des Péramèliens.

Genre unique ... Péramèle.

Famille des Myrmécobiens.

Genre unique ... Myrmécobe.

IIme ORDRE. MARSUPIAUX VÉGÉTIVORES.

Famille des Phalangiens.

PEAU DES FLANCS	non prolongée. Queue prenante et	entièrement nue dans sa partie terminale		Couscous.
		velue jusqu'au bout, sauf une petite portion de la face inférieure		Phalanger.
	prolongée. Queue non prenante et	distique		Acrobate.
		non distique. Canines inférieures	en série continue	Atropète.
			non en série continue	Pétauriste.

Famille des Phascolarctiens.

Genre unique ... Phascolarctos.

Famille des Phascolomiens.

Genre unique ... Phascolome.

Famille des Kanguriens.

SIX INCISIVES A LA MACHOIRE SUPÉRIEURE. POUCES POSTÉRIEURS NON EXISTANTS. MEMBRES POSTÉRIEURS TRÈS-DÉVELOPPÉS.	8 dents. Membres postérieurs	médiocrement allongés	Dindrolague.
		très-allongés	Potorou.
	6 dents. Membres postérieurs	médiocrement allongés	Hétérope.
		très-allongés	Kangurou.

Sous-Classe des Ornithodelphes.

On écrit chaque jour que ce sont des animaux *bizarres*. Quelque savant que l'on puisse être, on reste, hélas ! fort au-dessous de la science qu'on étudie ; et, dans tous les cas, les expressions doivent se tenir dans une extrême réserve, en présence des œuvres de Dieu.

Pour être dans le vrai, nous dirons que l'Ornithodelphe marque admirablement le passage entre la viviparité et l'oviparité. Il est si bien sur la limite exacte et insaisissable de ces deux grandes évolutions embryogéniques que, dans les méthodes absolues, on a pu les placer presque également tantôt parmi les animaux vivipares et tantôt parmi les animaux ovipares.

Il suffit de constater que l'Ornithodelphe est Pilifère et qu'il allaite ses petits. Dès lors, d'après le principe de la subordination des caractères, il appartient évidemment à la première classe zoologique. Mais, avec ces caractères supérieurs, il porte, mélangés, des caractères propres aux classes inférieures. Ainsi, il présente encore l'os marsupial, mais il n'a pas de poche ; il a le bec de l'oiseau, l'épaule du reptile. Et, comme s'il ne devait pas seulement servir de transition entre la première classe et les classes suivantes, comme s'il fallait qu'il annonçât déjà un caractère qui ne se montre que dans les serpents, l'Ornithodelphe est venimeux. Son venin est secrété par une glande placée dans la patte postérieure. Cette glande communique par un canal avec l'éperon, dont la patte postérieure est armée. Cet éperon inocule le venin dans la plaie qu'il a faite.

Toutefois, l'Ornithodelphe a, plus profondément inscrits, des caractères ornithologiques (1), parce que les oiseaux sont, en effet, de tous les ovipares, les plus élevés (2).

Enfin, l'Ornithodelphe réunit, dans sa biologie, des traits de dégradation qui sont propres à divers genres des Pilifères précédents. Il est crépusculaire et manifeste plus d'activité la nuit que le jour. Il terre, mais dans le sol boueux et toujours au bord des eaux.

Quoique les Ornithodelphes ne composent que deux familles, nous trouverons dans leur tégument toutes les natures que nous avons remarquées dans les Pilifères : le tégument laineux et doux, le tégument grossier et le tégument épineux.

Ils appartiennent tous à la Nouvelle-Hollande et, comme cette partie de la Terre est à peine connue, surtout des Naturalistes, nous devons espérer que

---

(1) L'Ornithologie est l'étude des oiseaux.

(2) Si nos pages devaient être lues par des savants, nous ajouterions ici, pour répondre à leur désir, des considérations très-importantes. Mais notre livre est destiné à de jeunes Élèves, et, par conséquent, certaines limites nous sont imposées.

de nouvelles découvertes viendront augmenter la série qui compose cette Sous-Classe de Pilifères. Quoi qu'il en soit, la classification ne compte pas le nombre des genres, elle pèse la valeur des caractères distinctifs. Et, sous ce rapport, on peut dire que les Ornithodelphes constituent le groupe le plus nettement caractérisé des Pilifères.

Bien plus, il est rationnel de supposer que la Sous-Classe des Ornithodelphes doit être encore moins nombreuse que celle des Marsupiaux, car le type des Pilifères s'y trouve réduit à son extrême dégradation.

Un point qui est ici fort délicat, c'est le mode de lactation coordonné avec l'organisation particulière de l'animal. Dans les Marsupiaux, le nouveau-né n'avait pas de lèvres musculeuses pour pouvoir sucer. La mère y suppléait elle-même par une contraction musculaire, car, du moins, les lèvres du petit étaient flexibles. Mais, dans l'Ornithodelphe, les lèvres sont cornées et forment un véritable bec. Comment avec un bec, même encore assez mou, pouvoir faire le vide, condition essentielle de la succion. La mère résout le problème en répandant le lait dans l'eau qu'elle habite ainsi que le nouveau-né. Et, pour éviter la déperdition du liquide nutritif, elle circonscrit l'espace en obligeant le petit à rester dans le cercle qu'elle décrit autour de lui.

Les Ornithodelphes comprennent deux familles : les Ornithorhinquiens et les Echidniens.

FAMILLE

DES ORNITHORHINQUIENS.

L'Ornithorhinque a la taille et l'aspect d'une Loutre, mais avec un bec large comme celui du Canard et avec une queue courte, qui est aplatie comme celle du Castor. Ses mâchoires sont fendues jusqu'au front, et bien qu'elles soient cornées comme des mandibules, elles sont cependant de véritables mâchoires, car elles portent, chacune, deux paires de dents. Ces dents sont formées de petites lames qui présentent une surface striée, circonstance qui favorise la trituration. Du reste, l'Ornithorhinque se nourrit de vermisseaux qu'il cherche dans la vase, car il plonge et barbotte comme un Canard. Les pattes se dirigent latéralement, disposition qui les rend plus propres à la natation. Elles sont courtes, mais très-élargies à leur extrémité, parce qu'elles sont terminées par cinq doigts complètement palmés. Toutefois, dans la patte antérieure, la palmure s'exagère et dépasse les doigts, caractère que nous ne devons rencontrer que dans le Manchot qui est, de tous les oiseaux, le plus aquatique. Ceci nous indique que c'est la patte antérieure qui est surtout chargée d'exécuter la nage, tandis que la défense et le travail sont plus spécialement confiés à la patte postérieure. Le tégument est assorti à ces habitudes aquatiques. Le pelage est laineux, doux, dense, lustré. La couleur en est roussâtre avec une teinte brune au bas de la patte postérieure. L'Ornithorhinque se creuse, toujours au bord des eaux, un terrier, une sorte de nid recouvert de joncs et tapissé de mousse.

On connaît une autre espèce d'Ornithorhinque, qui est plus brune et plus volumineuse. Cette espèce se tient, comme l'autre, sur les rives des fleuves et des lacs de la Nouvelle-Hollande.

FAMILLE DES ECHIDNIENS.

L'Echidné présente à la fois les apparences du Hérisson et d'un Édenté. Comme le Hérisson, il est couvert de piquants et il a la queue très-courte ; comme l'Édenté, il est privé de dents et sa langue est extensible et déliée. Comme le Hérisson, il se met en boule pour s'envelopper de ses piquants ; comme l'Édenté, il se sert de sa langue gluante pour saisir les insectes. Mais il porte surtout un caractère d'oiseau dans son bec, qui est cylindrique et effilé, mais qui ne s'ouvre qu'à sa partie terminale. La patte a cinq doigts armés d'ongles énormes qui annoncent un animal puissamment fouisseur. Il se creuse un terrier profond et s'y tient presque constamment engourdi.

Cette famille est composée de deux genres qui ne diffèrent guère que par leur tégument et par leur patrie respective : l'Echidné soyeux, qui a les piquants cachés parmi les soies et qui habite la grande île de Tasmasie (Terre de Van-Diemen); l'Echidné épineux, qui est complètement hérissé de piquants et qui habite la Nouvelle-Hollande.

Nous regrettons de ne pouvoir donner plus de détails positifs sur les Ornithodelphes. Un observateur intelligent se trouve aujourd'hui, pour cet objet, dans l'Océanie, patrie exclusive de ces Pilifères. Nous ne doutons pas qu'il ne nous fournisse des faits qui relèveront cette Sous-Classe de l'espèce de prétérition qui la frappe dans la plupart de nos auteurs.

Nous avons présenté les Pilifères en série rectiligne sous le rapport embryogénique. Nous avons pris pour point de départ le degré de développement auquel s'opère la naissance, c'est-à-dire, le commencement de la vie individuelle de l'animal. Nous avons vu que ce phénomène souverain s'accomplit à un degré de développement très-avancé dans les Pilifères de la première Sous-Classe; à un degré beaucoup moins avancé dans ceux de la deuxième Sous-Classe; à un degré beaucoup plus incomplet dans ceux de la troisième. Ainsi, la viviparité est manifeste dans les premiers Pilifères; moins prononcée dans les Marsupiaux et, dans les Ornithodelphes, elle touche si près à l'oviparité, que la limite entre ces deux modes de naissance est, pour ainsi dire, insaisissable.

Mais la série des Pilifères doit satisfaire à une autre condition. Il faut qu'elle soit en harmonie avec les trois parties constitutives de la Terre : le sol, l'air et l'eau. Elle doit, par conséquent, présenter deux séries parallèles : l'une, de Pilifères aériens ; l'autre, de Pilifères aquatiques. De plus, ces trois séries parallèles ne doivent pas être isolées. Il faut qu'elles soient reliées par des anneaux de transition, c'est-à-dire que, par des lignes obliques et transversales, le passage des Pilifères terrestres soit marqué à la fois vers les Pilifères aériens et vers les Pilifères aquatiques. Nous allons développer la série des Pilifères aériens.

PILIFÈRES AÉRIENS.

Le type Pilifère est parfaitement maintenu dans ces animaux, mais il est modifié pour être assorti à la vie aérienne. On leur a donné le nom de Chéiroptères, parce que la modification principale porte sur la main qui se change en aile. Les doigts se sont étirés comme les baguettes d'un parapluie, pour tendre et pour soutenir la membrane interdigitale qui forme ainsi une rame très-large. Les muscles qui doivent animer l'aile sont très-puissants, car il faut que cet organe frappe l'air, non-seulement sur une grande étendue, mais encore avec énergie et prestesse. En effet, l'atmosphère, par sa nature gazeuse, fuit sous la pression et semble refuser un point d'appui. Mais si l'aile agit soudainement sur une grande surface, elle surprend alors l'élasticité de l'air qui réagit comme un ressort.

Les Pilifères, comme animaux supérieurs, doivent être plutôt terrestres qu'aériens ou aquatiques; par conséquent, la série des Chéiroptères doit être plus restreinte que la série précédente. Mais elle en reproduit tous les divers systèmes dentaires et, par suite, tous les différents modes d'alimentation. Toutefois, les Chéiroptères sont moins exclusifs, c'est-à-dire que les uns préfèrent la chair ou bien les insectes, et les autres, les végétaux; mais, au besoin, les premiers se rabattent sur les fruits et les seconds s'accommodent d'insectes. Seulement, il faut remarquer qu'en eux le régime insectivore prédomine, ce qui est plus en rapport avec la petitesse de leur volume.

En effet, nous ne devons pas nous attendre à des formes volumineuses, car la réduction de la taille est une condition de légèreté. Tous les Chéiroptères sont donc plus ou moins petits. Leur régime alimentaire répète celui des Pilifères terrestres, dans tout ce qui peut se concilier avec leur faiblesse naturelle comme avec leur vie aérienne. Les espèces nocturnes y sont relativement plus nombreuses, car leur biologie entraîne une certaine dégradation. Toutefois, le premier des Chéiroptères remonte vers les premiers rangs des animaux supérieurs et presque jusqu'à la hauteur des Primates. Ce sont, en effet, les Pilifères qui, l'aile exceptée, touchent de plus près aux Primates. Encore même cette aile n'est qu'une main qui s'est exagérée pour devenir un organe de vol. Ils ont un pouce de Primate, qui est libre et terminé par un ongle crochu, mais qui n'est pas opposable. Les fonctions de ce doigt deviennent fort importantes, lorsque l'animal, se trouvant accidentellement sur le sol, veut prendre son élan. L'aile étant alors ployée, le pouce se porte en avant et s'accroche aux aspérités; puis, par un mouvement de traction, le corps s'avance tantôt sur le pouce droit et tantôt sur le pouce gauche, jusqu'à ce que le Chéiroptère atteigne un arbre ou une muraille ; et, lorsqu'il est ainsi arrivé à une certaine hauteur, l'aile s'étend, et le vol s'exécute aussitôt.

Les Chéiroptères sont les animaux qui nous présentent les membres les plus relativement différents. Car, tandis que les doigts sont extrêmement développés et profondément divisés dans le membre antérieur, ils sont au contraire réduits et juxtaposés dans le membre postérieur; de telle sorte qu'ils se distinguent des autres Pilifères autant par leur mode de station que par leur mode de locomotion. Ainsi, dans les moments de repos, les Chéiroptères se suspendent aux ongles du pied, la tête en bas et le corps enveloppé de leurs ailes comme d'un double manteau. Cette station singulière est parfaitement assortie à leur biologie et conforme à cette loi, qui veut que l'animal s'endorme toujours dans les conditions qui garantissent le mieux sa sécurité. Or, le Chéiroptère n'a d'autre sauvegarde que la fuite, et il ne peut s'enfuir que par le vol. Il faut donc que, durant le sommeil, l'aile reste libre et prête à se mettre en mouvement.

Au moindre danger, le Chéiroptère détache son ongle, se laisse tomber dans l'air et rentre aussitôt en plein vol.

Enfin, comme si les Chéiroptères devaient répéter tous les phénomènes que nous ont présentés les Pilifères terrestres, ils sont soumis à l'hibernation. Durant cette période léthargique, les Chauves-Souris s'accrochent les unes aux autres et se groupent en forme de grappes, afin de diminuer ainsi la déperdition de la chaleur. Elles ont eu la précaution de chercher un refuge dans les cavernes profondes où l'atmosphère est beaucoup moins variable. Toutes s'endorment avant que le thermomètre ne tombe à zéro. Si le froid devient excessif, elles se réveillent pour changer de gîte. Mais si on les maintient violemment sous l'action de ce froid extrême, elles ne tardent pas à périr.

La transition entre les Primates et les Chéiroptères est établie par le Galéopithèque (Chat-Singe).

Le Galéopithèque ne peut être exactement placé ni parmi les Singes, ni parmi les Chéiroptères. Il présente un mélange remarquable des caractères distinctifs des uns et des autres. Il est Primate par ses cinq doigts profondément divisés, il est Chéiroptère par la membrane qui les réunit pour constituer un parachute. De plus, il porte des ongles très-acérés. Ce sont de vraies griffes de Chat, également propres à grimper et à déchirer. Sa tête est presque celle d'un Maki et l'œil n'est pas aussi latéral que dans les Carnassiers. Son système dentaire l'éloigne beaucoup des Primates. La mâchoire supérieure est privée de dents dans sa partie antérieure. La mâchoire inférieure est complètement garnie de dents. Toutes les dents du Galéopithèque sont pectinées, c'est-à-dire, comme des dents de peigne. La membrane qui forme le parachute s'étend entre les membres et le corps, entre le cou et la tête, et même entre les membres postérieurs, enveloppant la queue qui lui sert de baguette. Un autre point qu'il importe de signaler, c'est que cette membrane s'avance jusqu'au bout des doigts, tandis que, dans les Chéiroptères, le pied postérieur reste toujours en dehors. Le Galéopithèque ne peut voler, mais il exécute des sauts fort étendus et décrit, en tombant, une parabole que son parachute lui permet de prolonger considérablement. Il est demi-nocturne et d'une couleur roussâtre. Il se nourrit de fruits et d'insectes, en y associant parfois de petits oiseaux. Il a, pour patrie, la Nouvelle-Hollande et les archipels qui l'avoisinent. C'est le premier animal supérieur de l'Océanie.

ORDRE DES CHÉIROPTÈRES.

Avant l'illustre Geoffroy Saint-Hilaire, la coordination sériale des familles dans les Chéiroptères était fort obscure ; les genres établis en étaient surtout très-incomplets. Peut-être n'avait-on pas accordé à ces animaux toute l'importance qu'ils méritent. Leur organisation singulière avait beaucoup plus excité la surprise que l'étude, et le nom de Chauves-Souris qui leur fut donné, reste, dans l'histoire de la science, comme souvenir de l'erreur la plus étrange. Aujourd'hui, les genres déjà connus constituent trois grandes familles : les Ptéropiens, les Vampiriens et les Vespertiliens.

Pour classer ces familles d'une manière rationnelle, nous ne devons pas oublier que nous sommes ici sur des Pilifères qui dérivent vers les oiseaux, sous le rapport de la locomotion. Par conséquent, nous devons aller de la famille qui est la moins aérienne à celle qui l'est le plus. Or, la biologie aérienne se traduit par le développement de l'aile, c'est-à-dire, par le caractère le plus éminemment distinctif des Chéiroptères, qu'on peut définir, en effet, des Pilifères qui volent.

FAMILLE DES PTÉROPIENS.

Les Ptéropiens ont pour caractère distinctif de n'avoir, parmi les doigts alaires, que l'indicateur qui soit terminé par une phalange onguéale.

Cette famille comprend la Roussette, le Pachysome, le Macroglosse, le Céphalote et l'Hypoderme.

Le Ptérope ou Roussette a les ailes insérées latéralement. C'est le Chéiroptère le plus volumineux et le moins ailé. C'est aussi le plus frugivore et le moins nocturne. Sa couleur est assortie à ses habitudes et lui a fait donner le nom de Roussette. Son oreille est encore assez petite. Il vole mal. Il se met en mouvement le matin et le soir et même durant le jour, si le temps est couvert. La Roussette se nourrit de fruits sucrés. Mais, comme si elle devait en même temps reproduire quelques traits des Carnivores et des Insectivores, elle ne dédaigne point d'attaquer les oiseaux et les insectes. Sa langue est hérissée de papilles cornées. Buffon en a conclu que ce Chéiroptère suçait le sang. C'est une erreur, car la Roussette ne peut sucer. Elle attaque la proie avec les dents. Sa distribution géographique est fort remarquable. Elle habite principalement l'Asie et pénètre jusque dans l'Océanie, mais elle manque en Amérique. Un auteur a cru pouvoir troubler le principe posé par Buffon sur la distribution géographique des animaux, en écrivant que le Muséum avait reçu du Brésil une Roussette. La méprise est ici manifeste. Ce Ptéropien avait été *acheté* au Brésil, mais il était originaire de l'Inde.

Le Pachysome est plus petit. Ses ailes sont encore insérées latéralement et il se distingue surtout en ce qu'il a moins de dents molaires que la Roussette.

Le Macroglosse a le museau beaucoup plus allongé. Sa langue est longue. Son système dentaire est celui de la Roussette, mais les dents sont plus espacées.

Le Céphalote se distingue des trois genres précédents par l'absence d'incisives à la mâchoire inférieure. Cuvier s'est trompé en lui en supposant. Du reste, dans les Chéiroptères, les incisives ont si peu d'importance, que l'Hypoderme en a quatre dans le jeune âge et n'en a que deux, quand il est adulte.

L'Hypoderme a les ailes insérées sur la ligne médiane du dos.

L'Inde est la patrie du Pachysome, du Macroglosse, du Céphalote et de l'Hypoderme, qui ont à peu près la même biologie.

FAMILLE DES VAMPIRIENS.

Ici le médium est le seul des doigts alaires qui porte une phalange onguéale. A ce caractère distinctif s'ajoutent d'autres traits qui leur sont propres. L'aile est plus développée. L'oreille est plus longue. Le museau plus prolongé. Leur préférence incline vers les insectes, quoique leur régime alimentaire soit encore mixte. Ils sont tous suceurs et appartiennent exclusivement à l'Amérique.

Cette famille comprend le Phyllostome, le Vampire et le Glossophage.

Le Phyllostome ne le cède, pour les proportions, qu'à la Roussette. Ses lèvres présentent des saillies. Sa langue est hérissée de papilles cornées, de telle sorte que son appareil buccal forme une ventouse scarifiante. Il aime les fruits cultivés et il en fait souvent la récolte avant le propriétaire. Il aime aussi à sucer la crête des volailles, qui est riche en vaisseaux sanguins. Il peut même attaquer l'homme endormi. Mais, timide comme tous les Chéiroptères, il reste au vol durant cette opération et il a même le soin de ne piquer que le pied, afin de s'échapper bien vite au moindre mouvement. Du reste, la blessure n'est pas douloureuse. Elle ne peut devenir grave que par suite d'une saignée trop abondante. Le Phyllostome habite les contrées chaudes de l'Amérique.

Le Vampire, par son système dentaire comme par son volume et par les dimensions de son aile, se place entre le Phyllostome et le Glossophage. Il porte, aux deux mâchoires, le même nombre d'incisives que le Phyllostome et, à la mâchoire inférieure, le même nombre de molaires que le Glossophage. Les proportions de son museau sont intermédiaires entre celles du Phyllostome et celles du Glossophage. Comme eux, il est exclusivement américain.

Le Glossophage (mangeant avec la langue) se distingue, en effet, par une langue très-déliée et très-extensible. Il n'a que deux incisives à chaque mâchoire et il est moins frugivore que les deux genres précédents.

FAMILLE DES VESPERTILIENS.

Les Vespertiliens sont caractérisés par l'absence de phalange onguéale aux quatre doigts alaires. Ils se subdivisent en genres nombreux et que nous serions tenté de dédoubler en deux familles, si nous n'étions trop obscur pour prendre une telle initiative.

Les Vespertiliens ont des formes réduites, l'aile et l'oreille très-développées. Ce sont les Chauves-Souris proprement dites et ils se nourrissent d'insectes. Leur distribution géographique est très-étendue. On peut même dire qu'ils sont cosmopolites, mais plus nombreux dans les contrées intertropicales. Cette ubiquité des Vespertiliens s'explique aisément, car ils sont nocturnes. Or, les régions les plus diverses diffèrent bien plus de jour que de nuit.

Nous retrouvons ici la répétition de la faculté qu'ont certaines espèces de Singes d'amasser leurs provisions dans des abajoues.

La Chauve-Souris nous offre la preuve géminée de la sagesse que Dieu a mise dans les moindres détails de chacune de ses œuvres. Dès qu'un organe acquiert une importance sérieuse, une utilité prédominante, aussitôt un appendice est surajouté, afin de mieux protéger cet organe et pour empêcher qu'il ne devienne incommode par l'excès même de sa délicatesse. Ainsi le sens de l'ouïe est d'une telle sensibilité que, dans les moments de repos, il deviendrait pour l'animal une cause de gêne, de souffrance. Mais l'oreille porte en avant de son orifice une membrane plissée qui âtténue le son et permet à l'animal de s'assourdir, dès qu'il veut se soustraire aux rayons sonores. De même, le sens de l'odorat est d'une finesse qui deviendrait fatigante pour la Chauve-Souris, si les narines ne portaient pas à leur tour une feuille membraneuse qui, au gré de l'animal, oblitère l'orifice nasal, de manière à ne laisser libre que l'accès de l'air nécessaire à la respiration. Les conques auditives ont pour fonction essentielle de favoriser l'audition; mais, en même temps, elles sont l'auxiliaire de l'aile, en participant plus ou moins à l'exercice du vol. Toutefois, c'est par l'aile surtout que la Chauve-Souris est éminemment remarquable. Cette aile est d'abord le siége d'un toucher si extraordinaire, qu'il faudrait un mot nouveau pour l'exprimer. En effet, la Chauve-Souris touche à distance, c'est-à-dire, par l'intermédiaire de l'air. Et, pour que la membrane alaire puisse jouir de cette extrême subtilité tactile, elle est complètement nue, très-mince et riche de filets nerveux.

C'est à Cuvier que nous devons d'avoir préservé la science d'une erreur que Spalanzani faillit y introduire. Ce célèbre physiologiste italien avait fait de minutieuses expériences sur des Chauves-Souris qu'il avait privées, par le feu, de tous les sens, excepté du toucher. Ayant remarqué chaque fois que, renfermées dans une pièce obscure dont elles ne pouvaient sortir que par de petites ouvertures, chacune d'elles, pour s'échapper, se dirigeait fort bien vers ces étroits orifices, Spalanzani conclut de ces faits que la Chauve-Souris était douée d'un sixième sens, directeur du vol, dont il n'osait du reste assigner le siége. Mais Cuvier prouva que la sensibilité de la membrane alaire suffisait pour que la Chauve-Souris pût percevoir, par l'intermédiaire de l'air, les issues qui devaient ménager sa fuite.

Si l'on compare l'aile de la Chauve-Souris et celle de l'Oiseau, on s'attend à leur trouver des caractères communs, puisqu'elles ont à résoudre le même problème. Ainsi l'une et l'autre sont une modification du membre antérieur, qui est évidemment le mieux placé pour soutenir, dans le vol, le centre de gravité. Il y a même entre elles cette analogie, que les pennes de l'Oiseau, comme la membrane de la Chauve-Souris, appartiennent au système cutané. L'une et l'autre ont beaucoup d'amplitude et sont animées de muscles puissants, car elles doivent agir soudainement, avec énergie et sur une grande surface, pour exciter l'élasticité naturelle de l'air. Mais, dans l'une et dans l'autre, le problème est résolu différemment et même d'une manière inverse. En effet, dans la Chauve-Souris, les doigts sont divisés profondément, tandis qu'ils sont fortement soudés dans l'Oiseau ; la surface de l'aile dans la Chauve-Souris est obtenue par un simple développement de la membrane interdigitale, tandis que, dans l'Oiseau, elle est réalisée par les appendices épidermiques, par les plumes, qui viennent s'ajouter à la peau. Ces deux ailes sont également parfaites. Toutefois, celle de la Chauve-Souris conserve son type supérieur jusque dans les parties accessoires et complémentaires. Par exemple, dans la Chauve-Souris comme dans l'Oiseau, le sternum est surmonté d'une crête pour l'insertion des muscles pectoraux, qui doivent produire les mouvements de l'aile. Mais cette saillie sternale est, dans la Chauve-Souris, composée de plusieurs pièces, pour rester conforme au type Pilifère; tandis que, dans l'Oiseau, la crète est formée d'une seule pièce comme le sternum lui-même, qui a l'apparence d'un bouclier.

Les Vespertiliens sont fort nombreux, mais imparfaitement connus. Il serait curieux assurément de suivre toute la diversité de leur formule dentaire; toutefois, cette analyse scientifique sortirait peut-être du cadre de notre livre.

Un fait qui leur est commun, c'est que, durant la lactation, la mère transporte avec elle ses petits, qui se tiennent accrochés à son corps, mais de manière cependant à ne pas gêner les mouvements de l'aile.

Dans la famille des Vespertiliens, nous devons surtout citer les douze genres suivants: le Noctilion, le Sténoderme, le Taphien, le Myoptère, le Molosse, le Vespertilion, le Lasyure, l'Oreillard, le Nyctère, le Rhinopome, le Rhinolophe et le Mégaderme.

Le Noctilion a le nez confondu avec les lèvres qui sont divisées. Sa mâchoire supérieure est en bec de lièvre. Il a, pour patrie, l'Amérique méridionale.

Le Sténoderme n'a pas de queue; par conséquent, la membrane, privée de ce support, est, en arrière, très-peu étendue. Cette Chauve-Souris est fort rare et le Muséum n'en possède qu'un seul individu.

Le Taphien a la queue assez longue et demi-enveloppée par la membrane qui réunit les deux pattes postérieures. Il habite les contrées chaudes de l'Ancien Continent.

Le Myoptère est très-voisin du Taphien et ne s'en distingue que par le système dentaire. Il porte, à chaque mâchoire, deux dents incisives, tandis que le Taphien est privé d'incisives à la mâchoire supérieure et en a quatre à la mâchoire inférieure. Nous n'en possédons plus un seul individu dans les collections.

Le Molosse ne diffère des deux genres précédents que par l'amplitude des conques auditives qui se sont, en effet, tellement développées qu'elles viennent se réunir sur la ligne médiane. De plus, elles se tiennent comme couchées sur la face au lieu de s'élever au-dessus de la tête. Le Molosse est américain.

Près du Molosse, nous devons citer le Nyctinome et le Dinops. Ils ont, l'un et l'autre, les lèvres ridées, couvertes de sillons dont on ne connait pas encore l'usage. Le Nyctinome n'a que quatre incisives à la mâchoire inférieure, tandis que le Dinops en a six. Sous le rapport de la distribution géographique, le Nyctinome présenterait le fait singulier de se trouver simultanément dans le Bengale et au Brésil, c'est-à-dire, sur deux continents à la fois. Mais, pour tirer de ce fait une conclusion rationnelle, il faudrait d'abord qu'il fût bien constaté, car, en général, les genres sont répartis d'une manière distincte et précise. Le Dinops est propre à l'Europe et surtout à la Toscane.

Le Vespertilion a la queue complètement enveloppée par la membrane qui, soutenue par cette espèce de baguette tutrice, atteint ici le maximum de développement.

Ce genre comprend plusieurs espèces encore aujourd'hui mal connues. Nous devons surtout mentionner le Murin, le Noctule, la Sérotine et la Pipistrelle, qui forment nos Chauves-Souris les plus communes. L'espèce peinte de brun et de blanc est propre aux Archipels de l'Océanie.

Le Lasyure ne se distingue du Vespertilion que par son système dentaire, qui est moins complet et par sa queue, qui est velue. L'un et l'autre ont les oreilles séparées.

L'Oreillard, au contraire, a les oreilles réunies par suite de l'exagération des conques auditives. Ces conques acquièrent souvent une étendue si considérable qu'elles deviennent un auxiliaire de l'aile dans le vol. Elles forment, en effet, les deux tiers de la longueur totale de l'animal. L'Oreillard est assez connu en France, surtout à Paris. Il est petit et d'une couleur grisâtre ; mais notre Chauve-Souris commune est plus petite encore et de couleur brune. Le Vespertilion, le Lasyure et surtout l'Oreillard ont l'orifice de l'oreille muni d'un oreillon, pour affaiblir l'intensité du bruit qui les fatigue.

Le Nyctère a le nez creusé d'une cavité. Il est privé d'oreillon. Il jouit de la faculté singulière de s'enfler d'air comme un ballon. C'est encore un trait ornithologique. Mais le mode d'injection est bien différent de celui des oiseaux. Ce n'est point par le poumon que l'air se répand dans l'intérieur du corps, car cet organe est parfaitement clos. Ajoutons cette autre différence essentielle qu'il ne pénètre, ici, qu'entre le tissu cellulaire et la peau. Toutefois, le résultat est le même : l'air chaud, qui est moins dense que l'air ambiant, doit évidemment rendre l'animal plus léger. Cette Chauve-Souris est Égyptienne et très-commune aux Pyramides.

Le Rhinopome et le Rhinolophe appartiennent à l'Ancien Continent. On les trouve même en France. Le Rhinopome n'a qu'un rudiment de feuilles nasales, sa queue est d'une longueur considérable. Le Rhinolophe présente une feuille nasale très-étendue, mais il n'a point d'oreillon. Leur biologie offre cette particularité, que toutes les mères forment une société distincte et ne rentrent dans la réunion générale qu'après avoir terminé l'allaitement de leurs petits. C'est peut-être un fait unique dans la science.

Le Mégaderme exagère tous les caractères distinctifs des Chauves-Souris. L'expansion de la membrane envahit tout l'animal. La feuille nasale est très-compliquée. Les oreilles se réunissent sur la ligne médiane et se soudent, non pas seulement à leur base, mais encore sur une grande partie de leur longueur ; de telle sorte qu'elles ne constituent qu'une seule conque auditive, qui occupe toute la partie postérieure de la tête. En outre, les orifices auriculaires sont pourvus d'oreillons. Il habite l'Afrique et l'antique Judée.

PILIFÈRES AÉRIENS.

FAMILLE DES PTÉROPIENS.

Phalange onguéale existant à l'indicateur, manquant aux autres doigts alaires.

- Ailes
  - insérées latéralement
    - à incisives supérieures et inférieures .... Roussette. Pachysome. Macroglosse.
    - sans incisives inférieures .... Céphalote.
  - insérées sur la ligne médiane du dos .... Hypoderme.

FAMILLE DES VAMPIRIENS.

Phalange onguéale existant au médium, manquant aux autres doigts alaires.

- Museau
  - assez court .... Phyllostome.
  - allongé .... Vampire. Glossophage.

FAMILLE DES VESPERTILIENS.

Phalange onguéale manquant aux quatre doigts alaires.

- Nez
  - confondu avec les lèvres, qui sont divisées .... Noctilion.
  - simple. Queue
    - nulle .... Sténoderme.
    - demi-enveloppée. Oreilles
      - séparées .... Taphien. Myoptère.
      - réunies .... Molosse.
    - enveloppée. Oreilles
      - séparées .... Vespertilion. Lasyure.
      - réunies .... Oreillard.
  - creusé d'une cavité .... Nyctère.
  - surmonté d'une feuille
    - très-petite et simple .... Rhinopome.
    - étendue et très-compliquée
      - point d'oreillon .... Rhinolophe.
      - des oreillons .... Mégaderme.

PILIFÈRES AQUATIQUES.

Le type Pilifère, tout en conservant ici ses caractères fondamentaux, se trouve accessoirement modifié pour la vie aquatique. Les formes s'amplifient par la même raison qu'elles s'étaient réduites dans les Pilifères aériens, conformément à cette loi d'hydrostatique, d'après laquelle un corps, plongé dans l'eau, perd une partie de son poids égale au poids du liquide qu'il déplace. Or, l'augmentation de volume est surtout produite par le tissu adipeux; donc, la graisse, par sa densité relative, doit alléger l'animal aquatique, tandis qu'elle rendrait plus lourd l'animal aérien. A cette condition de légèreté s'ajoutent d'autres conditions essentielles pour favoriser la natation. Le corps est fusiforme. Le tégument est lisse, mais il forme souvent, sur le dos, un repli adipeux, assez analogue à certaines nageoires dorsales qui caractérisent les Poissons. La queue est changée en rame ainsi que les membres. Les membres antérieurs sont larges, courts et puissants. Leur insertion est latérale. Les membres postérieurs se dirigent en arrière et parallèlement à la queue; ils finissent même par disparaître, et dans la Baleine, par exemple, c'est la nageoire caudale qui produit seule le mouvement. Cette disposition des appendices, qui rend la nage si facile, est négative pour la marche. Mais la biologie de ces animaux exigeait que tout fût sacrifié à la locomotion aquatique. Les doigts ne doivent point s'exagérer sans doute comme ceux des Pilifères aériens, car la rame n'a pas besoin de présenter une surface aussi étendue que l'aile des Chauves-Souris, puisque l'eau a beaucoup plus de densité que l'air. Toutefois, la membrane interdigitale qui les réunit, donne à la main comme au pied une étendue convenable, et les muscles qui animent les appendices locomoteurs sont énergiques, ne fût-ce que pour maintenir le corps en équilibre.

Il est évident que ces Pilifères refusent de s'intercaler en un point quelconque de la grande série des Pilifères terrestres. Ils en répètent tous les faits compatibles avec leur mode spécial d'existence, mais ils constituent une série latérale, dont le premier terme remonte presque au niveau des Carnivores de la première série.

Leur régime alimentaire est signalé par le milieu même qu'ils habitent. Ils doivent se nourrir de poissons, de coquillages ou de plantes aquatiques. Si quelques-uns sont Carnassiers, ils seront principalement Piscivores (mangeurs de poissons).

Avant Cuvier, les zoologistes ne s'étaient guère occupés de la population marine. De là, les noms bizarres qu'on a donnés à la plupart des Pilifères pélagiens; et de là, les fables étranges qui ont été vulgarisées par les navigateurs.

La transition entre les Carnivores et les Piscivores est établie par le Phoque.

Le Phoque ne peut être exclusivement placé ni parmi les Pilifères terrestres, ni parmi les Pilifères aquatiques. Il réunit, en effet, des caractères distinctifs des uns et des autres. Il est au niveau des Carnivores par l'encéphale et par les dents. Il descend vers les Pilifères aquatiques par ses formes et par sa locomotion. Son régime alimentaire est mixte. Il attaque les oiseaux qui tombent de lassitude sur les rochers, comme il poursuit les poissons dans l'intérieur des mers. Sa vie se partage entre le sol et l'eau; car, si c'est à la natation qu'il consacre ses heures d'activité, c'est toujours sur le sol qu'il prend ses heures de repos.

Le Phoque a été placé par Cuvier parmi les Carnassiers; par de Blainville, près du Lamantin. Ces deux grands naturalistes ont eu raison, mais incomplètement, car le Phoque se trouve dans un rapport intime et avec l'Enhydre et avec le Lamantin. M. Isidore Geoffroy St-Hilaire a fort bien mis d'accord ces deux éminents classificateurs, en établissant des séries parallèles. Il nous semble que notre classification va beaucoup plus loin encore, car elle concilie Cuvier, de Blainville et M. I. Geoffroy St-Hilaire; de plus, elle fait ressortir à la fois et l'unité de plan qui relie tous les animaux, et l'harmonie des modifications qui les distinguent.

Le Phoque est Pilifère, mais son pelage, d'un gris marbré, est court et serré. Sa queue courte et horizontale se perd entre les pieds qui sont plus développés que les mains, parce que ce sont eux surtout qui doivent donner au corps une forte impulsion. Ses organes des sens présentent des particularités remarquables. L'œil a le cristallin sphéroïdal, caractère propre aux animaux aquatiques, mais la sclérotique est, en partie, assez molle. L'animal peut ainsi modifier la forme de son œil, pour voir tour-à-tour aussi bien dans l'eau que dans l'air. L'orifice osseux et l'orifice cutané de l'oreille ne correspondent point directement. Ils sont mis en rapport par un petit canal sinueux, et cet artifice admirable empêche l'eau de pénétrer dans le conduit auditif. Le Phoque est sociable et vit en troupes assez nombreuses. Il semble avoir l'instinct de la propriété ou du moins de l'usufruit; car, lorsqu'un de ces animaux essaie violemment de s'emparer du rocher sur lequel un Phoque s'est établi pour s'y coucher, l'usurpateur est expulsé par tous les autres. On comprend que la possession d'un rocher bien choisi soit précieuse pour le Phoque, car c'est durant le sommeil qu'est pour lui le danger. Réduit à une simple reptation, puisque ses membres lui refusent la marche, il est sur le sol presque sans défense. Aussi a-t-il bien soin de s'endormir sur le bord de la mer, afin d'y rentrer dès qu'il entend le moindre bruit. Sa conque auditive est peu développée, afin de n'être pas un obstacle à la natation. Lorsqu'il plonge dans l'eau, une simple contraction musculaire ferme aussitôt les oreilles et les narines. Il habite les mers glacées des deux pôles et vient quelquefois jusque sur nos côtes de la Manche.

Le Phoque peut être facilement apprivoisé. Il se nourrit d'oiseaux qui, trop repus, ne peuvent reprendre leur vol. Mais il se rabat au besoin sur les Poissons et même sur les Mollusques. Sa chair, fraîche, est peu savoureuse. La rancidité la rend insupportable. Le Phoque mugit comme un veau, et cette simple circonstance explique le nom étrange de *Veau Marin* que le Phoque a reçu du vulgaire.

Près du Phoque se groupent le Pélage, le Stemmatope et le Macrorhine.

Le Pélage ne se distingue guère du Phoque que parce que son système dentaire est plus réduit. La forme émoussée de ses dents annonce qu'il incline vers le régime végétal.

Le Stemmatope a moins de dents encore et présente sur la tête une tuméfaction qui ne se développe qu'à une certaine saison de l'année.

Le Macrorhine semble, par l'exagération de son nez, répéter la trompe du Tapir, ce qui lui a fait donner le nom d'*Eléphant marin*. On prétend que ce Pilifère peut atteindre jusqu'à dix mètres de longueur. On ignore la nature et l'objet du capuchon graisseux du Stemmatope et de la tumeur nasale du Macrorhine.

Le Stemmatope habite le pôle Boréal et le Macrorhine, le pôle Austral. Leurs mœurs ne sont pas connues. Leur graisse très-abondante est convertie en huile alimentaire. Leur peau constitue un cuir grossier. Ils sont voyageurs et peut-être les seuls Pilifères dans lesquels on remarque l'instinct de migration. Ils montent au Nord dans l'Hiver et l'Été, ils descendent au Sud. Cette migration régulière et périodique se lie à la succession même des saisons, mais nous en ignorons encore le motif. Ils vivent par troupes considérables et leur biologie présente un fait qui est sans doute inattendu, mais qui est parfaitement constaté. Durant toute l'époque de la lactation, les mères restent sur les rochers et les autres Phoques forment un cordon tout autour, pour les empêcher d'aller à l'eau. Il faut donc que tous ces animaux fassent diète, car, sur le sol, ils ne peuvent se nourrir. Cette abstinence de cinq ou six semaines étonne surtout dans la mère, qui doit vivre d'abord pour elle-même et puis pour son petit. Aussi devient-elle fort maigre. Toutefois, la possibilité d'une aussi longue abstinence s'explique par la résorption de cette masse de graisse de plus de trente centimètres d'épaisseur sur dix mètres de longueur. Leur naturel est fort doux et, plus d'une fois, des matelots ont osé les enfourcher comme un cheval.

Les phénomènes vitaux marchent vite dans le jeune Phoque, puisque, en six semaines, il a doublé ses proportions, c'est-à-dire qu'il a acquis plus de quatre mètres de longueur.

L'Otarie nous fait entrer dans les Pilifères véritablement aquatiques. Le membre antérieur lui-même n'est propre qu'à la natation et les doigts, complètement palmés, n'y peuvent être distingués que par l'analyse anatomique. Mais, dans la patte postérieure, la membrane interdigitale dépasse même les doigts, qui sont également au nombre de cinq. La présence de la conque auditive semblerait d'abord le placer au-dessus du Phoque, mais il est frappé d'infériorité par toutes les modifications qui le signalent comme plus exclusivement destiné à vivre dans l'eau. Son pelage sombre est mêlé d'une sorte de bourre qui a fait donner à l'Otarie le nom d'*Ours marin*. C'est cette laine feutrée qui sert à faire les casquettes dites de Loutre. Une autre espèce, qui présente une sorte de crinière, a reçu le nom de *Lion marin*. Les Otaries ont, pour patrie, l'hémisphère austral. Leur graisse liquide rivalise avec celle de la Baleine.

Les Pilifères aquatiques se divisent en cinq familles : les Morsiens, les Siréniens, les Delphiniens, les Physétériens et les Baleiniens.

FAMILLE DES MORSIENS.

Le système dentaire suffirait pour signaler cette famille. D'abord, la mâchoire supérieure porte deux énormes défenses qui s'abaissent et se recourbent en crochets. Les dents molaires, cylindriques et larges, se rencontrent par leurs couronnes qui sont notablement excavées. Un tel système dentaire doit répondre à des habitudes particulières. Par ses défenses, le Morse s'accroche au rivage et s'y fixe, car il ne quitte pas l'eau, même pour les heures de sommeil. La forme des dents molaires est assortie au régime alimentaire de l'animal qui broie les coquillages pour en saisir la substance nutritive et pour rejeter les débris. L'emplacement qu'exige cet énorme appareil dentaire doit modifier le crâne et le museau. La mâchoire supérieure s'élargit et la mâchoire inférieure s'atténue à son extrémité pour se loger entre les deux défenses. Les narines ne pouvant plus être terminales remontent notablement vers le front. La famille des Morsiens ne comprend aujourd'hui qu'un seul genre. Mais cette particularité ne lui ôte rien de son importance. D'ailleurs, nous ne devons pas oublier que le Géographe lui-même ne connaît qu'à peine les régions du pôle austral et, par conséquent, le Naturaliste doit, à cet égard, se trouver au dépourvu.

Le Morse est colossal. Abstraction faite de la tête, il ressemble au Phoque. Son pelage est dense, court et jaunâtre. Mais ce qui est remarquable dans un animal aquatique, c'est la densité de ses os. Il est vrai que le poids en est compensé par l'abondance du tissu adipeux. Il se nourrit d'animaux à coquilles, mais il mange aussi des fucus. Retiré dans les Mers les plus septentrionales, le Morse est poursuivi cependant par l'homme qui recherche bien moins l'ivoire de ses défenses et de ses os que son cuir, qui est solide et propre à faire des soupentes de voitures. Par une erreur doublement étrange, il a reçu des navigateurs les noms incompatibles de *Vache marine* et de *Cheval marin.*

FAMILLE DES SIRÉNIENS.

Cuvier et de Blainville sont encore ici en désaccord sur le rang sérial de cette famille. Cuvier, se fondant sur un caractère important, celui de la forme et de la locomotion, place les Siréniens près des Cétacés. De Blainville, s'appuyant sur un caractère tout aussi manifeste, celui de la nutrition et du tégument, les rapproche des Pachydermes. M. I. Geoffroy St-Hilaire, par son système de parallélisme, satisfait à ce double rapport, car les Siréniens se trouvent dans la même série que la Baleine, mais à la hauteur de l'Éléphant. Notre classification concilie ces trois grands zoologistes, en établissant, de plus, l'intimité qui rattache les Siréniens au Morse et au Phoque. Les formes des Siréniens font un pas de plus vers la Baleine. La locomotion aquatique est plus prononcée. Le système dentaire se maintient au niveau de celui des Pachydermes, mais nous ne devons pas attacher une trop grande valeur à ce système, qui déjà, dans la première série, a perdu toute son importance après l'ordre des Carnassiers. Leur tégument est analogue à celui des Pachydermes et leur régime alimentaire est à peu près le même.

Cette famille comprend trois genres : le Lamantin, le Dugong et le Stellère.

Le Lamantin a la queue arrondie et la lèvre supérieure hérissée de moustaches, qui sont presque épineuses. Il a des incisives dans le jeune âge, mais elles tombent avant que l'animal ne soit adulte. Il atteint jusqu'à dix mètres de longueur. C'est à lui que se rapporte la fable des Sirènes et des Tritons, où la poésie a dépassé de beaucoup les limites de l'observation. Sa patte antérieure est terminée par des ongles qui lui rendent possible la reptation. Mais il est douteux qu'il se traîne parfois sur le rivage. Dans tous les cas, le fait doit être fort rare, puisque le doute porte ici sur un animal parfaitement observable, car le Lamantin est très-commun et se tient à l'embouchure des fleuves. Quoi qu'il en soit, cette espèce de main permet à la mère de soutenir et de transporter le petit durant l'époque de la lactation. Du reste, on ne voit, extérieurement, aucun vestige des membres postérieurs. Les Lamantins vivent en troupes nombreuses et n'entrent jamais dans la mer. Ils sont sociables et se portent un mutuel secours, quand ils sont attaqués. On a même remarqué qu'ils semblent compâtir aux souffrances de celui d'entre eux qui a reçu quelque blessure. Ce Pilifère abonde dans nos Antilles. Il remonte l'Amazone et les affluents de ce fleuve immense et se montre aussi dans la Gambie et dans le Sénégal. Il se nourrit d'algues et d'autres plantes aquatiques. Sa chair est comestible.

Le Dugong a la queue terminée en croissant. Il

est plus pisciforme que le Lamantin et, par conséquent, plus voisin de la Baleine. Sa mâchoire porte à la fois des dents et des plaques cornées. C'est encore un caractère qui le rapproche davantage de la Baleine dont la mâchoire n'est plus garnie que de lames cornées. Le Dugong habite les mers de l'Inde et surtout le détroit de Singapour. Il se nourrit d'algues et de fucus.

Le Stellère a le palais tapissé de plaques cornées. Ces plaques sont striées. La rencontre des stries opère la mastication à défaut des dents proprement dites, qui manquent toujours dans l'âge adulte. Il se nourrit de plantes marines. Sa voix ressemble au mugissement du Bœuf. Sa chair est assez estimée. Le Stellère devient de plus en plus rare. Aucun Muséum n'en possède, aujourd'hui, un seul individu (1). Il se tient sur les côtes du Kamstchatka et du Nord de l'Amérique.

ORDRE DES CÉTACÉS.

Les Delphiniens, les Physétériens et les Baleiniens composent cet Ordre, parfaitement établi dans la science. Les Cétacés furent longtemps placés parmi

(1) Nous avons établi le fait incontestable de la série des Pilifères aquatiques. Mais il ne nous appartenait pas de faire un Ordre spécial comprenant les Morsiens et les Siréniens. Nous pouvions bien moins encore faire rentrer ces deux familles dans l'Ordre des Cétacés.

les Poissons. Linné lui-même les comprit d'abord dans les reptiles nageurs. Bernard de Jussieu reconnut, le premier, qu'ils devaient prendre un rang beaucoup plus élevé, puisqu'ils allaitent leurs petits et qu'ils respirent dans l'air. Eclairé par ce double fait péremptoire, Linné les réunit aux animaux supérieurs et, dès lors, il substitua le nom de Mammifères à celui de Quadrupèdes, qui ne pouvait plus évidemment s'appliquer aux Cétacés, puisqu'ils sont Bipèdes. Nous avons dit, page 11, pourquoi le nom de Pilifères doit être préféré à celui de Mammifères. Ce qu'il est essentiel ici de remarquer, c'est qu'en effet les Cétacés ont le cœur et le poumon analogues à ceux de l'homme lui-même. L'unité de plan se maintient jusque dans les plus petits détails ostéologiques. Ainsi, quoique ces animaux ne paraissent pas avoir un cou distinct, cependant le cou s'y trouve formé du nombre ordinaire de vertèbres; seulement, ces vertèbres ont pris la forme de lames osseuses pour offrir un plus solide point d'appui. De même, la nageoire offre à l'intérieur cinq doigts fort distincts.

Dans les Cétacés, les conditions aquatiques se manifestent de la manière la plus complète par la forme ichthyoïde du corps, par l'exagération du volume, par la conformation des nageoires, par l'abondance et la fluidité de la graisse, par l'état lisse du tégument, par les modifications de l'appareil nasal. Ce sont évidemment des animaux qui ne peuvent jamais quitter l'eau sous peine de périr comme les Poissons. Ils sont Pilifères, car leur tégument, d'ailleurs fort épais, est couvert d'une sorte d'épiderme formé d'éléments pileux très-courts et très-serrés. Les narines, qu'on nomme évents, sont modifiées, ainsi que les voies aériennes, dans le sens exigé par la biologie des Cétacés. En effet, les narines sont placées sur le point culminant de la tête. Elles ne communiquent point avec la bouche, et le larynx remonte beaucoup plus haut que dans tous les animaux précédents. Entre l'orifice cutané et l'orifice osseux de ces narines se trouve une poche considérable, dans laquelle l'animal peut faire pénétrer beaucoup d'eau qu'il rejette ensuite en retenant la proie que le liquide a entraînée. Une valvule ouvre ou ferme chaque narine pour l'emplir ou pour la vider. Le liquide, chassé au dehors, forme un jet qui est simple ou double, selon que les narines se confondent, ou bien qu'elles restent distinctes. Nous apercevons ainsi, dans les Cétacés, un caractère ichthyologique (1), mais qui reste toutefois dans des conditions supérieures, car le liquide n'est ici que le véhicule de l'aliment ; tandis que, dans les Poissons, il est chargé du transport de l'air vers le poumon. Dans les Cétacés, au contraire, l'air arrive par un canal spécial dans la cavité pulmonaire. Les membres postérieurs ne sont plus représentés que par les os du bassin, qui flottent dans les chairs. Leur suppression nous annonce que la natation n'est pour

(1) L'Ichthyologie est l'étude des Poissons.

ainsi dire confiée qu'à la queue. C'est encore un caractère d'analogie réelle avec les Poissons.

Ces Pilifères ne mâchent point, car, ou les dents sont impropres à la mastication, ou elles sont réduites à de simples lames cornées. Elles forment alors comme une sorte de maille, pour retenir la proie et pour laisser sortir la majeure partie de l'eau que l'animal avale sans cesse dans ses heures d'activité. Aux heures de repos, la bouche reste close hermétiquement. Les Cétacés nagent un peu superficiellement et tiennent ainsi leurs narines plongées dans l'atmosphère. Les organes de lactation sont portés fort en arrière et vers l'extrémité du corps. Malgré leur masse, qui semble les rendre si grotesques, ils sont doués d'une extrême agilité et les barques les plus alertes ont beaucoup de peine à égaler leur vitesse. Ils peuvent rester longtemps sous l'eau sans respirer; car, sous leur colonne vertébrale, ils portent en réserve une provision de sang artérialisé.

L'olfaction est presque nulle. L'œil est petit et placé fort en arrière. La conque auditive est supprimée et le conduit auriculaire s'ouvre ou se ferme au gré de l'animal. Ces détails d'organisation sont tous assortis à la vie éminemment aquatique.

Le système dentaire suffirait pour distinguer entre elles les trois familles de cet Ordre. Les Delphiniens portent des dents aux deux mâchoires. Les Physétériens n'en présentent qu'à la mâchoire inférieure, les Baleiniens en sont complètement dépourvus. Toutefois, il est d'autres caractères distinctifs que nous devons signaler.

Les Delphiniens ont une tête moyenne. Celle des Physétériens, comme celle des Baleiniens, est énorme, car elle forme un tiers de la masse totale de ces animaux. Mais, dans les Physétériens, la mâchoire supérieure prédomine, tandis que, dans les Baleiniens, c'est au contraire la mâchoire inférieure qui reçoit et qui recouvre en partie la mâchoire supérieure. Les Delphiniens n'ont qu'un évent; les Physétériens et les Baleiniens en ont deux, mais qui sont disposés d'une manière différente.

Les Delphiniens sont déjà très-volumineux, mais les Physétériens et les Baleiniens sont les géants du règne animal. Leur corps, sur un diamètre moyen considérable, a une longueur d'environ vingt à trente mètres. On comprend que des animaux aquatiques peuvent seuls atteindre ces immenses proportions, qui sont en effet incompatibles avec la locomotion terrestre. Remarquons d'abord que ces colosses ne se portent pas eux-mêmes. Ils sont soutenus par le liquide qu'ils habitent et doivent s'y mouvoir avec une extrême facilité, pourvu que, par leur densité relative, la loi d'hydrostatique soit satisfaite; et elle l'est en effet par l'abondance de la graisse que la température de l'animal maintient à l'état liquide. Malheureusement ces deux familles sont peu connues du zoologiste et il est facile de se l'expliquer. On ne peut observer ces animaux que submergés ou échoués. Or, vus dans l'eau, ils ne laissent apercevoir que la partie dorsale; vus sur le rivage, ils sont enfouis et déformés sous leur propre poids.

FAMILLE DES DELPHINIENS.

Les Delphiniens comprennent sept genres : le Marsouin, le Delphinaptère, le Dauphin, l'Inic, le Delphinorhynque, l'Hétérodon et le Narval.

Le Marsouin est le moins grand des Cétacés. Son museau est court et bombé. Ses mâchoires portent des dents tranchantes. Il est marin et assez commun près de nos côtes. Sa nageoire dorsale le distingue surtout du Delphinaptère, qui ne présente pas ce repli de la peau.

Le Dauphin a les mâchoires garnies de dents petites et nombreuses. Son museau, qui se sépare brusquement du front, se prolonge en une sorte de bec conique. Ses narines, en se confondant, ne forment qu'un seul évent, et nous devons regretter que, dans nos monuments, on persiste à les représenter comme produisant un double jet d'eau. L'observation nous a dégagés ici de toutes les fables que nous avait transmises l'Antiquité. L'instinct du Dauphin est médiocre. S'il suit les navires en pleine mer, ce n'est point par affection pour l'homme qu'il redoute, mais simplement pour se nourrir des nombreux poissons qui sont eux-mêmes attirés par tout ce que rejettent surtout les cuisines de l'équipage.

L'Inic a le bec plus long et plus mince que le

Dauphin. Il habite les fleuves de la Bolivie. Il diffère fort peu du Plataniste, qui ne se montre guère que dans le Gange. L'un et l'autre ont trois à quatre mètres de longueur.

Le Delphinorhynque a le bec encore plus prolongé que celui de l'Inic.

L'Hétérodon ne présente des dents qu'à l'extrémité antérieure des mâchoires ; quelquefois même, une seule mâchoire est dentée.

Le Narval a des proportions beaucoup plus grandes. Son caractère le plus remarquable est de n'avoir pour tout système dentaire qu'une seule dent horizontale dont la longueur est de deux à trois mètres. Cette dent, qui semble continuer l'axe de la tête, est réellement latérale. Elle est enroulée sur elle-même et nous ignorons quel en peut être l'usage. Ce n'est point une arme agressive, car le Narval recherche les Poissons et les Mollusques. Ajoutons qu'il ne se nourrit que de proie vivante, bien que son nom signifie *mangeant mort.* Quoi qu'il en soit, la présence de cette dent unique n'est pas un défaut de symétrie ; car, dans le premier âge, le Narval présente deux dents et quelquefois même il les conserve dans l'état adulte. Mais le plus souvent l'exagération de l'une entraîne l'atrophie de l'autre. Ces dents servent à faire des cannes somptueuses. L'ivoire en est très-beau et l'on cite comme un chef-d'œuvre de l'art le trône du roi de Danemarck, qui est fait avec cet ivoire et orné de pierres précieuses. Le Narval habite les mers du Nord.

FAMILLE DES PHYSÉTÉRIENS.

Leur mâchoire inférieure porte seule des dents, qui sont coniques et fortes. Elle est assez petite et disparaît en se fermant dans la mâchoire supérieure, qui est au contraire très-large et obtuse. Les deux narines restent séparées et forment deux évents qui ne sont point placés sur la même ligne transversale, de telle sorte que l'un des jets d'eau est placé un peu en avant de l'autre. Le dessus de la tête se creuse en une grande cavité qui s'emplit d'une prodigieuse quantité de substance cireuse appelée cétine. Cette cavité est distincte du crâne, qui est parfaitement clos dans sa boite osseuse. Sous le rapport hydrostatique, cette matière grasse vient, par sa légèreté spécifique, compenser le poids énorme de la tête qu'elle maintient à fleur d'eau pour la libre respiration de l'animal.

La famille des Physétériens comprend deux genres : le Physétère et le Cachalot.

Aucune collection n'a jamais possédé le Physétère. Nous en sommes réduits à des figures plus ou moins exactes qui lui donneraient pour caractère distinctif une nageoire dorsale très-développée. Ce Pilifère habite les mers du Nord et détruit un grand nombre de Phoques.

Le Cachalot est, au contraire, assez commun. Naguère une violente tempête en a jeté dix-sept à l'embouchure de l'Elbe et trente sur nos côtes de Bretagne. Notre Muséum a, depuis bien des années, un squelette de Cachalot que nous regrettons de voir si dégradé par le temps. La pêche du Cachalot est assez difficile, car il se défend au lieu de fuir et sa force extraordinaire met en danger la barque des pêcheurs. Cependant l'homme le poursuit avec ardeur, car le Cachalot produit trois substances qui sont importantes à des titres divers : la graisse, la cétine et l'ambre gris. La graisse du Cachalot, si improprement appelée huile, est analogue à celle de la Baleine. La cétine, qui ne se trouve que dans cet animal, est d'une nature chimique particulière. L'industrie, qui n'en persiste pas moins à l'appeler blanc de baleine, s'en sert pour fabriquer des bougies qui sont translucides. L'ambre gris est encore une substance propre au Cachalot. Ce produit, dont la nature est ignorée, est rejeté par l'animal. Les parfumeurs l'emploient pour l'associer au musc dont il tempère l'odeur.

FAMILLE DES BALEINIENS.

Les dents manquent dans cette famille. Elles sont remplacées par des lames cornées qu'on appelle fanons. Ces lames sont disposées comme les feuillets d'un livre et ne se présentent qu'à la mâchoire supérieure, qui se loge en partie dans la mâchoire inférieure. Chaque fanon se termine par un chevelu, c'est-à-dire qu'à sa partie terminale, il se décompose en véritables poils. Quand l'eau est avalée avec la proie qu'elle entraîne, le liquide s'échappe à travers les fanons, mais la proie est retenue. Quand la bouche est fermée, les fanons sont inapparents, parce qu'ils sont recouverts par la mâchoire inférieure. Cette mâchoire, dans le jeune âge, est dentée comme celle des Physétériens.

La tête forme ici plus du tiers de l'animal. Les deux évents sont placés sur la même ligne transversale, mais assez loin de l'extrémité du museau. L'œil est aussi transporté fort en arrière. La conque auditive est supprimée. Le nerf olfactif est très-réduit. La langue est grasse et très-développée. Le crâne est relativement très-petit.

C'est à la nageoire caudale qu'est surtout confiée la natation, car les membres postérieurs ont complètement disparu et les membres antérieurs ne servent guère que pour maintenir le corps en équilibre.

Les Baleiniens sont, comme les Physétériens, noirs en dessus, blancs en dessous.

Cette famille comprend la Baleine et le Baleinoptère. Ces deux genres ne se distinguent guère que par la nageoire dorsale que présente le Baleinoptère et dont la Baleine est dépourvue. Sous le rapport des proportions, la Baleine n'atteint que vingt mètres de longueur, tandis que le Baleinoptère a trente mètres environ de développement. La Baleine s'est aujourd'hui réfugiée dans les mers polaires du Nord. Le Baleinoptère se tient vers le pôle austral et se montre quelquefois dans la Méditerranée. Il se rue souvent sur le pêcheur qui ose l'attaquer et la pêche en est si périlleuse qu'elle décourage les marins les plus hardis.

La Baleine est plus accessible. Mais c'est merveille de voir cette masse, que son poids semblerait frapper d'inertie, nager cependant avec une prestesse qui en rend la poursuite fort laborieuse. Et d'abord, il est difficile de la surprendre, car elle sent d'assez loin le mouvement des vagues que détermine l'approche d'un navire, et ces oscillations suffisent pour la réveiller. Elle aperçoit à distance, lorsque son œil est submergé à fleur d'eau. Un temps brumeux est le plus favorable. La pêche s'opère au moyen d'un crochet de fer appelé harpon, qu'on fixe à l'extrémité d'une corde d'une très-grande longueur. Lorsque la Baleine est harponnée, c'est-à-dire quand on lui a fortement implanté le crochet dans le crâne, on déroule la corde avec une extrême vitesse, afin qu'elle ne soit jamais tendue; car la traction puissante exercée par la Baleine qui s'enfuit, ferait sombrer la barque. En même temps, à force de rames ou de voiles, on suit, autant que possible, la trace sanguinolente que le Cétacé laisse dans son sillage. Quand l'animal est enfin épuisé d'efforts et de sang, on le traîne sur le rivage pour le dépecer. Les deux produits essentiels qu'on en retire, sont la graisse et les fanons. La graisse, qui retient toujours une odeur désagréable, remplit quelques offices de l'huile. Les fanons constituent cette substance élastique que l'industrie applique à des usages divers sous le nom de baleines. Toutefois, cette pêche n'est pas sans danger, car les mouvements convulsifs du Cétacé menacent de briser la barque ou de la renverser. On avait proposé comme moyen de le réduire l'emploi de l'acide hydrocyanique. Mais ce violent poison est dangereux à manier et l'inoculation en est difficile, puisqu'il faut un vigoureux effort pour pénétrer le tégument de la Baleine.

—

La Baleine nous a conduits à la limite extrême des Pilifères, puisque c'est ici que ce type est le plus effacé. La dégradation s'est propagée sur tous les points de l'organisation : la forme, le volume, l'enveloppe, la locomotion, le système dentaire, les membres et les organes des sens. Il ne reste que les deux caractères essentiels et qui ne se quittent jamais : le tégument pileux et les organes de lactation.

Désormais, notre étude ne doit donc rencontrer que des Vertébrés établis sur un autre type secondaire. Mais nous devons dire d'avance que, sous la mutation de type, ce qui ne changera point, c'est l'unité de plan, divine empreinte que porte, en effet, chacune des parties de la Création.

—

Qu'il nous soit permis, en terminant ce premier volume, d'ajouter quelques lignes qui nous sont personnelles.

Notre plume n'écrit que pour de jeunes intelligences que nous aimons et nous sentons, aux palpitations de notre âme, que nous avons le privilège d'analyser pour elles les œuvres de la Sagesse infinie. Il nous eût donc été bien doux d'établir ici que le problème des harmonies est résolu avec des conditions fort complexes, c'est-à-dire, avec les rapports d'analogie et tout en respectant l'unité de composition comme l'unité de plan. Mais si cette satisfaction nous est refusée par la spécialité même de cet Ouvrage, nous espérons nous réserver, dans le livre des *Harmonies,* un légitime dédommagement.

TABLE ALPHABÉTIQUE.

A.

B.

C.

D.

E.

F.

G.

H.

I.

J.

K.

L.

M.

N.

O.

P.

Q.

R.

S.

T.

U.

V.

X.

Y.

Z.

www.ingramcontent.com/pod-product-compliance
Ingram Content Group UK Ltd.
Pitfield, Milton Keynes, MK11 3LW, UK
UKHW012205240726
13966UKWH00002B/591